ETNOMATEMÁTICA

ELO ENTRE AS TRADIÇÕES E A MODERNIDADE

A AVENTURA DA ESPÉCIE HUMANA É IDENTIFICADA COM A AQUISIÇÃO DE ESTILOS DE COMPORTAMENTOS E DE CONHECIMENTOS PARA SOBREVIVER E TRANSCENDER NOS DISTINTOS AMBIENTES QUE ELA OCUPA, ISTO É, NA AQUISIÇÃO DE

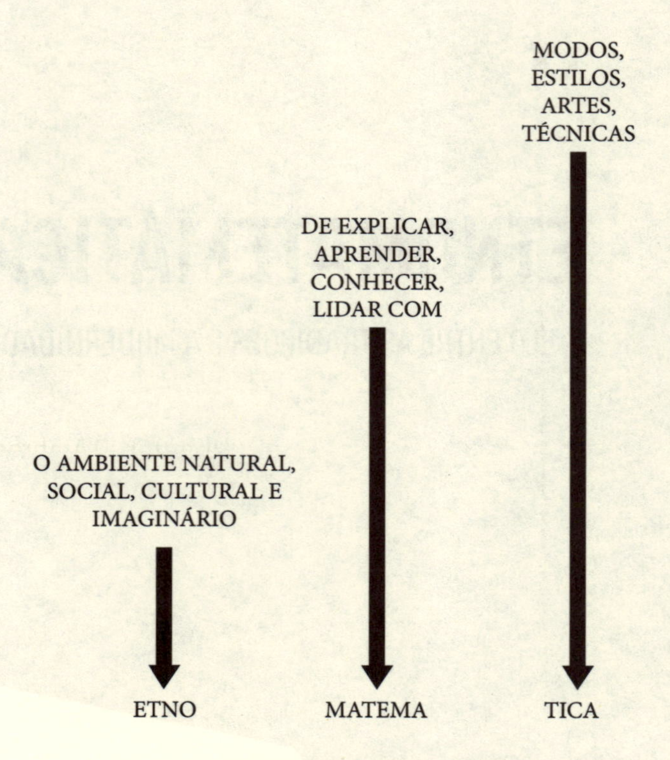

ETNOMATEMÁTICA

COLEÇÃO TENDÊNCIAS EM EDUCAÇÃO MATEMÁTICA

ETNOMATEMÁTICA

ELO ENTRE AS TRADIÇÕES E A MODERNIDADE

Ubiratan D'Ambrosio

autêntica

COORDENADOR DA COLEÇÃO TENDÊNCIAS EM EDUCAÇÃO MATEMÁTICA
Marcelo de Carvalho Borba
gpimem@rc.unesp.br

CONSELHO EDITORIAL
Airton Carrião/Coltec-UFMG; Arthur Powell/Rutgers University; Marcelo Borba/UNESP; Ubiratan D'Ambrosio/UNIBAN/USP/UNESP; Maria da Conceição Fonseca/UFMG.

EDITORAS RESPONSÁVEIS
Rejane Dias
Cecília Martins

REVISÃO
Erick Ramalho

CAPA
Alberto Bittencourt

DIAGRAMAÇÃO
Waldênia Alvarenga
Camila Sthefane Guimarães

D'Ambrosio, Ubiratan

D256e Etnomatemática – elo entre as tradições e a modernidade / Ubiratan D'Ambrosio. – 6. ed., 3. reimp. – Belo Horizonte: Autêntica Editora, 2023.

112p. (Coleção Tendências em Educação Matemática, 1)

ISBN 978-85-513-0587-4

1. Matemática. 2. Matemática-história. I. Título. II Série.

CDU 51
51(091)

Belo Horizonte
Rua Carlos Turner, 420
Silveira . 31140-520
Belo Horizonte . MG
Tel.: (55 31) 3465 4500

São Paulo
Av. Paulista, 2.073 . Conjunto Nacional
Horsa I . Sala 309 . Bela Vista
01311-940 . São Paulo . SP
Tel.: (55 11) 3034 4468

www.grupoautentica.com.br
SAC: atendimentoleitor@grupoautentica.com.br

Nota do coordenador

A produção em Educação Matemática cresceu consideravelmente nas últimas duas décadas. Foram teses, dissertações, artigos e livros publicados. Esta coleção surgiu em 2001 com a proposta de apresentar, em cada livro, uma síntese de partes desse imenso trabalho feito por pesquisadores e professores. Ao apresentar uma tendência, pensa-se em um conjunto de reflexões sobre um dado problema. Tendência não é moda, e sim resposta a um dado problema. Esta coleção está em constante desenvolvimento, da mesma forma que a sociedade em geral, e a escola, em particular, também está. São dezenas de títulos voltados para o estudante de graduação, especialização, mestrado e doutorado acadêmico e profissional, que podem ser encontrados em diversas bibliotecas.

A coleção Tendências em Educação Matemática é voltada para futuros professores e para profissionais da área que buscam, de diversas formas, refletir sobre essa modalidade investigativa denominada Educação Matemática, a qual está embasada no princípio de que todos podem produzir Matemática nas suas diferentes expressões. A coleção busca também apresentar tópicos em Matemática que tiveram desenvolvimentos substanciais nas últimas décadas e que podem se transformar em novas tendências curriculares dos ensinos fundamental, médio e superior. Esta coleção é escrita por pesquisadores em Educação Matemática; e em outras áreas da Matemática, com larga experiência docente, que pretendem estreitar as interações entre a Universidade – que produz pesquisa – e os diversos cenários em que se realiza essa educação. Em alguns livros, professores da educação básica se tornaram também autores. Cada livro indica uma extensa bibliografia na qual o leitor poderá buscar um aprofundamento em algumas tendências em Educação Matemática.

Neste livro, Ubiratan D'Ambrosio apresenta seus mais recentes pensamentos sobre Etnomatemática, uma tendência da qual é um dos fundadores. Ele propicia ao leitor uma análise do papel da Matemática na Cultura Ocidental e da noção de que Matemática é apenas uma forma de Etno-Matemática. O autor discute como a análise desenvolvida é relevante para a sala de aula. Faz ainda um arrazoado de diversos trabalhos na área já desenvolvidos no país e no exterior.

*Marcelo de Carvalho Borba**

* Marcelo de Carvalho Borba é licenciado em Matemática pela UFRJ, mestre em Educação Matemática pela Unesp (Rio Claro, SP) e doutor, nessa mesma área, pela Cornell University, Estados Unidos, e livre-docente pela UNESP. Atualmente, é professor do Programa de Pós-Graduação em Educação Matemática da Unesp (PPGEM), coordenador do Grupo de Pesquisa em Informática, Outras Mídias e Educação Matemática (GPIMEM) e desenvolve pesquisas em Educação Matemática, metodologia de pesquisa qualitativa e tecnologias de informação e comunicação. Já ministrou palestras em 15 países, tendo publicado diversos artigos e participado da comissão editorial de diversos periódicos no Brasil e no exterior. É editor associado do ZDM, Berlim, Alemanha. É pesquisador 1A do CNPq. É coordenador da Área de Ensino da CAPES de 2018 a 2022.

Sumário

Introdução

Neste livro procuro dar uma visão geral da etnomatemática, focalizando mais os aspectos teóricos.

Etnomatemática é hoje considerada uma subárea da História da Matemática e da Educação Matemática, com uma relação muito natural com a Antropologia e as Ciências da Cognição. É evidente a dimensão política da Etnomatemática.

Etnomatemática é a matemática praticada por grupos culturais, tais como comunidades urbanas e rurais, grupos de trabalhadores, classes profissionais, crianças de uma certa faixa etária, sociedades indígenas, e tantos outros grupos que se identificam por objetivos e tradições comuns aos grupos.

Além desse caráter antropológico, a etnomatemática tem um indiscutível foco político. A etnomatemática é embebida de ética, focalizada na recuperação da dignidade cultural do ser humano.

A dignidade do indivíduo é violentada pela exclusão social, que se dá muitas vezes por não passar pelas barreiras discriminatórias estabelecidas pela sociedade dominante, inclusive e, principalmente, no sistema escolar.

Mas também por fazer, dos trajes tradicionais dos povos marginalizados, fantasias, por considerar folclore seus mitos e religiões, por criminalizar suas práticas médicas. E por fazer de suas práticas tradicionais e de sua matemática mera curiosidade, quando não motivo de chacota.

Por subordinar as disciplinas e o próprio conhecimento científico ao objetivo maior de priorizar o ser humano e a sua dignidade como entidade cultural, a etnomatemática, as etnociências em geral, e a educação multicultural, vêm sendo objeto de críticas: por alguns, como resultado de incompreensão; por outros, como um protecionismo perverso. Para esses, a grande meta é a manutenção do *status quo*, maquiado com o discurso enganador da mesmice com qualidade.

Este livro vem, de certa forma, dar continuidade às ideias expostas no meu livro *Etnomatemática; arte ou técnica de explicar e conhecer*, Editora Ática, São Paulo, 1990. Vários dos meus trabalhos mais recentes na área estão no site http://sites.uol.com.br/vello/ubi.htm

Os estudos de etnomatemática vêm se intensificando há cerca de 15 anos, quando foi fundado o International Study Group of Ethnomathematics/ISGEm. Com ampla participação internacional, o ISGEm passou a encorajar, reconhecer e divulgar pesquisas em etnomatemática. O ISGEm Newsletter/ Boletín del ISGEm é publicado bianualmente, em inglês e em espanhol, desde Agosto de 1995 sob responsabilidade de Patrick J. Scott e, a partir de 2000, por Daniel Ness e Daniel Orey. A coleção dos 13 primeiros anos de publicação, 26 números, reunidos como compêndio, constitue a visão mais abrangente de que dispomos sobre essa nova área de pesquisa. Lá encontramos resenhas de trabalhos e livros, relatórios de pesquisas, notícias de eventos, sugestões metodológicas, enfim, tudo que é necessário para se integrar nessa área. Os boletins, em espanhol e em inglês, e outras informações, são disponíveis no site http://www.rpi.edu/~eglash/isgem.htm

Já se realizaram vários eventos de Etnomatemática. Além de ter sessões regulares no International Congress of History of Science, que se reúne a cada 4 anos; no International Congress of Mathematics Education, que também se reúne cada 4 anos, e nas reuniões anuais do National Council of Teachers of Mathematics, dos Estados

Unidos. Já se realizaram o Primeiro Congresso Internacional de Etnomatemática, em Granada, Espanha, em 1998 [o segundo será em Ouro Preto, MG, em 2002], o Primeiro Congreso Boliviano de Etnomatemáticas, em Santa Cruz de la Sierra, Bolívia, 1999, e o Primeiro Congresso Brasileiro de Etnomatemática, em São Paulo, 2000. Esses três congressos já têm suas atas publicadas.

Várias dissertações e teses foram defendidas, em universidades de vários países, inclusive no Brasil, tendo etnomatemática como tema central. E a prestigiosa revista *The Chronicle of Higher Education* abriu um debate sobre etnomatemática no site http://chronicle.com/colloquy/2000/ethnomath/ethnomath.htm

Tudo isso justifica encarar a etnomatemática como um novo campo de pesquisa no cenário acadêmico internacional. Não se trata de um modismo.

Não farei um "estado da arte" da etnomatemática. Além de lembrar o *Newsletter/Boletin ISGEm,* já mencionado nesta Introdução, recomendo uma coletânea de trabalhos que mostram o que de mais relevante se fez em etnomatemática em todo o mundo: *Ethnomathematics. Challenging Eurocentrism in Mathematics Education*, eds. Arthur B. Powell e Marilyn Frankenstein, SUNY Press, Albany, 1997. Nesse livro, Paulus Gerdes escreveu um *Survey of Current Work in Ethnomathematics*, que faz um estado da arte até 1997.

Igualmente relevante, focalizando história, é o livro recente *Mathematics Across Cultures: The History of Non-Western Mathematics*, ed. Helaine Selin, Kluwer Academic Publishers, Dordrecht, 2000.

Há, em português, várias publicações, inclusive dissertações e teses, sobre etnomatemática. Algumas delas estão relacionadas no Apêndice. Notas de rodapé, nos vários capítulos deste livro, fazem referência a algumas dessas publicações.

Capítulo I

Por que Etnomatemática?

Antecedentes

As grandes navegações sintetizam o conhecimento não acadêmico da Europa do século XV. Embora seja reconhecido que os universitários portugueses tiveram uma participação da empresa dos descobrimentos, nas universidades e academias dos demais países europeus, os descobrimentos vieram de certa forma surpreender o pensamento renascentista. O conhecimento matemático da época, fundamental para os descobrimentos, não pode ser identificado como um corpo de conhecimento. Encontra-se em várias direções, em grupos da sociedade com objetivos distintos.[1]

Embora as primeiras grandes viagens e a proeza de circunavegar o globo terrestre tenham sido de Espanha e de Portugal (Cristóvão Colombo, 1492; Vasco da Gama, 1498; Pedro Álvares Cabral, 1500; e Fernando de Magalhães, 1520), logo as demais nações europeias reconheceram as possibilidades econômicas e políticas da expansão, e uma nova visão de mundo foi incorporada ao ambiente acadêmico europeu, contribuindo decisivamente para a ciência moderna.

---

[1] Ubiratan D'Ambrosio: "A matemática na época das grandes navegações e início da colonização", *Revista Brasileira de História da Matemática*, v. 1, n. 1, 2001.

Houve surpresa e curiosidade em toda a Europa pelas novas terras e pelos novos povos. O imaginário europeu se viu estimulado pelos descobrimentos, sobretudo pelo continente americano, o Novo Mundo. O Velho Mundo, Eurásia e África, era conhecido, pois os intercâmbios culturais e econômicos, reconhecidos pelos historiadores da Antiguidade, datam de milênios. Portanto, esses povos e essas terras despertaram menos controvérsias. O novo estava no Novo Mundo.

Cronistas portugueses e espanhóis são responsáveis por importante literatura descrevendo natureza, fenômenos e povos encontrados. O relato de outras formas de pensar, encontradas nas terras visitadas, é vasto. Sempre destacando o exótico, o curioso. Particularmente interessante é como o outro, o novo homem, é visto na literatura. Um exemplo é *A tempestade*, de Shakespeare.[2]

Porém o reconhecimento de outras formas de pensar como sistemas de conhecimento é tardio na Europa. Em pleno apogeu do colonialismo, há um grande interesse das nações europeias em conhecer povos e terras do planeta. Surgem as grandes expedições científicas. Desdobra-se, nos séculos XVIII e XIX, a polêmica sobre a "inferioridade" do homem, da fauna e da flora, e da própria geologia, do Novo Mundo.[3]

Das grandes expedições científicas, a que produziu maior impacto talvez tenha sido a de Alexander von Humboldt (1768-1859), que, já em idade avançada, sintetizou sua visão de um universo harmônico na obra *Cosmos*. Humboldt é explícito na sua adesão ao racionalismo eurocêntrico:

> [...] é aos habitantes de uma pequena seção da zona temperada que o resto da humanidade deve a primeira revelação de uma familiaridade íntima e racional com as forças governando o mundo físico. Além disso, é da mesma zona (que é aparentemente mais favorável aos *progressos da razão*, a

[2] Um interessante estudo da presença do Novo Mundo na literatura, focalizando o conhecimento científico, é o livro de Denise Albanese: *New Sience, New World*, Duke University Press, Durham, 1996.

[3] Antonello Gerbi: *O novo mundo: história de uma polêmica (1750-1900)*, trad. Bernardo Joffily (orig. 1996), Companhia das Letras, São Paulo, 1996.

> *brandura das maneiras*, e a *segurança da liberdade pública*) que os germes da civilização foram carregadas para as regiões dos trópicos.[4] (grifo meu)

O destaque acima revela a aceitação, como intrínseca ao Novo Mundo, da "incivilidade" encontrada no Novo Mundo, justificando assim uma missão civilizatória do imigrante. Não nos esqueçamos que *Cosmos* foi um *best-seller*, traduzido amplamente na Europa. O imigrante, chegando com uma missão civilizatória, dificilmente poderia reconhecer a cultura local, uma mescla das culturas dos primeiros colonizadores com as culturas dos indígenas e dos africanos trazidos como escravos. Basta observar que a língua mais falada no Brasil, quando do translado da família real, era uma variante do tupi. A opinião de haver incapacidade de organizar um sistema político tem muito a ver com o quadro político que se implantou nas Américas após a independência. A diferença essencial da independência dos Estados Unidos e dos demais países do Novo Mundo é uma questão fundamental, apontada pelo historiador Herbert Aptheker, quando diz que a revolução americana foi, de fato, uma revolução inglesa que teve lugar no transatlântico. A formação das nações americanas após as independências tem características muito diferentes.

Voltemos a Humboldt. Ele não deixa de reconhecer que nos demais povos do planeta, há algo de base que diferencia seus conhecimentos e comportamentos daqueles que têm origem nas civilizações mediterrâneas. No próprio *Cosmos* se lê:

> Encontramos, mesmo nas nações mais selvagens (como minhas próprias viagens permitem atestar) um certo sentido vago, aterrorizado, da poderosa unidade das forças naturais, e da existência de uma essência invisível, espiritual, que se manifesta nessas forças,... Podemos aqui traçar a revelação de um pacto de união, associando o mundo visível e aquele

[4] Alexander von Humboldt: *Cosmos. A Sketch of the Physical Description of the Universe*, 2 vols., tr. E.C. Otté (1858; orig. 1845-1862), The Johns Hopkins University Press, Baltimore, 1997; v. 1, p. 36. Este livro foi um *best-seller* quando foi publicado.

mundo espiritual mais elevado que escapa ao alcance dos sentidos. Os dois se tornam inconscientemente unidos, desenvolvendo na mente do homem, como um simples produto de concepção ideal, e independentemente da ajuda da observação, o primeiro germe de uma *Filosofia da Natureza.*[5]

Logo após o término da Primeira Guerra Mundial, um filósofo alemão, Oswald Spengler (1880-1936), propôs uma filosofia da história que procurava entender o Ocidente sob um novo enfoque, vendo cultura como um todo orgânico. O livro, *A Decadência do Ocidente. Forma e Realidade*, publicado em 1918, foi logo seguido de um segundo volume, *A Decadência do Ocidente. Perspectivas da História Universal*, publicado em 1922. Os livros foram retirados de circulação em 1933. Essa obra, de caráter enciclopédico, abriu novas possibilidades de se entender a natureza do pensamento matemático. Spengler diz:

> Segue-se disso uma circunstância decisiva, que, até agora, escapou aos próprios matemáticos. Se a Matemática fosse uma mera ciência, como a Astronomia ou a Mineralogia, seria possível definir o seu objeto. Não há, porém, uma só Matemática; há muitas Matemáticas. O que chamamos de história "da" Matemática, suposta aproximação progressiva de um ideal único, imutável, tornar-se-á, na realidade, logo que se afastar a enganadora imagem da superfície histórica, uma pluralidade de processos independentes, completos em si; uma seqüência de nascimentos de mundos de formas, distintos e novos, que são incorporados, transformados, abolidos; uma florescência puramente orgânica, de duração fixa, seguida de fases de maturidade, de definhamento, de morte.[6]

Spengler procura entender a matemática como uma manifestação cultural viva, chegando a dizer que as catedrais góticas e os templos dóricos são matemática petrificada. Spengler se declara

---

[5] *Op. cit.*; p. 37.

[6] Oswald Spengler: *A decadência do Ocidente. Esboço de uma morfologia da História Universal*, edição condensada por Helmut Werner, trad. Herbert Caro (orig. 1959), Zahar Editores, Rio de Janeiro, 1973; p. 68.

admirador do pensamento de Goethe, criticado por Humboldt, e vê a matemática em total integração com as demais manifestações de uma cultura.[7]

Embora se refira exclusivamente ao Ocidente, as ideias de Spengler servem de encorajamento para se examinar a matemática de outras culturas.

O século XX vê o surgimento da antropologia e muita atenção foi dada ao entender os modos de pensar de outras culturas. Mas, talvez, o primeiro reconhecimento explícito de outros racionalismos e suas implicações pedagógicas seja devido ao destacado algebrista japonês Yasuo Akizuki, em 1960:

> Eu posso, portanto, imaginar que podem também existir outros modos de pensamento, mesmo em matemática. Assim, eu penso que não devemos nos limitar a aplicar diretamente os métodos que são correntemente considerados como os melhores na Europa e na América, mas devemos estudar a instrução matemática apropriada à Ásia.[8]

O reconhecimento, tardio, de outras formas de pensar, inclusive matemático, encoraja reflexões mais amplas sobre a natureza do pensamento matemático, do ponto de vista cognitivo, histórico, social, pedagógico. Esse é o objetivo do Programa Etnomatemática.

O Programa Etnomatemática

O grande motivador do programa de pesquisa que denomino Etnomatemática é procurar entender o saber/fazer matemático ao longo da história da humanidade, contextualizado em diferentes

---

[7] Convém lembrar que Johann Wolfgang von Goethe (1749-1832), considerado o primeiro grande escritor do romantismo e o maior poeta alemão, era um destacado cientista, mas em total oposição às ideias newtonianas. Na educação, Goethe foi o grande inspirador, na transição do século XIX para o século XX, de Rudolf Steiner (1861-1925), fundador da Antroposofia e proponente da Pedagogia Waldorf.

[8] Y. Akizuki: Proposal to I.C.M.I., *L'Enseignement mathématique,* t.V, fasc. 4, 1960; p. 288-289.

grupos de interesse, comunidades, povos e nações. Essa denominação será justificada ao longo desta obra.

Por que falo em Etnomatemática como um programa de pesquisa e, muitas vezes, utilizo mesmo a denominação Programa Etnomatemática?

A principal razão resulta de uma preocupação que tenho com as tentativas de se propor uma epistemologia, e, como tal, uma explicação final da Etnomatemática. Ao insistir na denominação Programa Etnomatemática, procuro evidenciar que não se trata de propor uma outra epistemologia, mas sim de entender a aventura da espécie humana na busca de conhecimento e na adoção de comportamentos.

As críticas às propostas epistemológicas que polarizaram a filosofia da ciência dos anos 1970 em torno de Popper e Kuhn, e que colocaram em campos estranhamente opostos Lakatos e Feyerabend, tiveram influência no meu interesse pela etnomatemática. Vejo a denominação Programa Etnomatemática ao mesmo tempo mais condizente com a postura de busca permanente, proposta pela transdisciplinaridade, e mais imunizada contra os ataques de ambas as partes que estão se digladiando na chamada *"science wars"*.[9]

A pesquisa em etnomatemática deve ser feita com muito rigor, mas a subordinação desse rigor a uma linguagem e a uma metodologia padrão, mesmo tendo caráter interdisciplinar, pode ser deletério ao Programa Etnomatemática.[10] Ao reconhecer que não é possível chegar a uma teoria final das maneiras de saber/fazer matemático de uma cultura, quero enfatizar o caráter dinâmico deste programa de pesquisa. Destaco o fato de ser necessário

---

[9] A correspondência Lakatos-Feyerabend mostra as vacilações, e mesmo contradições, que assolaram o ambiente filosófico como resultado da polarização de posições. Ver Imre Lakatos and Paul Feyerabend: *For and Against Method: Including Lakato's Lectures on Scientific Method and the Lakatos-Feyerabend Correspondence*. Edited and with an introduction by Matteo Motterlini, The University of Chicago Press, Chicago, 1999.

[10] Deve-se ter o cuidado de não ser colhido nas limitações epistemológicas e metodológicas das novas disciplinas "interdisciplinares" que, como nos mostra a história da ciência, foram o prenúncio de disciplinas hoje comuns nos currículos escolares. Caracterizar a etnomatemática como uma área interdisciplinar é limitante.

estarmos sempre abertos a novos enfoques, a novas metodologias, a novas visões do que é ciência e da sua evolução, o que resulta de uma historiografia dinâmica.[11]

Todo indivíduo vivo desenvolve conhecimento e tem um comportamento que reflete esse conhecimento, que por sua vez vai-se modificando em função dos resultados do comportamento. Para cada indivíduo, seu comportamento e seu conhecimento estão em permanente transformação, e se relacionam numa relação que poderíamos dizer de verdadeira simbiose, em total interdependência.

A noção de cultura

A pulsão de sobrevivência, do indivíduo e da espécie, que caracteriza a vida, manifesta-se quando o indivíduo recorre à natureza para sua sobrevivência e procura e encontra o outro, da mesma espécie, porém, biologicamente diferente [macho/fêmea], para dar continuidade à espécie.

A espécie humana também obedece a esse instinto. Indivíduos procuram e encontram outros, intercambiam conhecimentos e comportamentos, e os interesses comuns, que são comunicados entre eles, os mantém em associação e em sociedades, organizadas em diversos níveis: grupos de interesse comum, famílias, tribos, comunidades, nações.

O cotidiano de grupos, de famílias, de tribos, de comunidades, de agremiações, de profissões, de nações se dá, em diferentes regiões do planeta, em ritmo e maneiras distintas, como resultado de prioridades determinadas, entre muitos fatores, por condições ambientais, modelos de urbanização e de produção, sistemas de comunicação e estruturas de poder.

Ao reconhecer que os indivíduos de uma nação, de uma comunidade, de um grupo compartilham seus conhecimentos, tais como

---

[11] Minha proposta historiográfica, muito influenciada pela filosofia da história de Oswald Spengler, se aproxima do que propõem Marc Bloch e Lucien Febvre nos *Annales*. Ver Ubiratan D'Ambrosio: *"A Historiographical Proposal for Non-western Mathematics, em Helaine Selin"*, ed.: *Mathematics Across Cultures. The History of Non-Western Mathematics*, Kluwer Academic Publishers, Dordrecht, 2000; p. 79-92.

a linguagem, os sistemas de explicações, os mitos e cultos, a culinária e os costumes, e têm seus comportamentos compatibilizados e subordinados a sistemas de valores acordados pelo grupo, dizemos que esses indivíduos pertencem a uma cultura. No compartilhar conhecimento e compatibilizar comportamento estão sintetizadas as características de uma cultura. Assim falamos de cultura da família, da tribo, da comunidade, da agremiação, da profissão, da nação.

Uma dinâmica de interação que está sempre presente no encontro de indivíduos faz com que não se possa falar com precisão em culturas, finais ou estanques. Culturas estão em incessante transformação, obedecendo ao que podemos chamar uma dinâmica cultural.[12]

As distintas maneiras de fazer [práticas] e de saber [teorias], que caracterizam uma cultura, são parte do conhecimento compartilhado e do comportamento compatibilizado. Assim como comportamento e conhecimento, as maneiras de saber e de fazer estão em permanente interação. São falsas as dicotomias entre saber e fazer, assim como entre teoria e prática.

Alimentação, espaço e tempo

A necessidade de se alimentar, em competição com outras espécies, é o grande estímulo no desenvolvimento de instrumentos que auxiliam na obtenção de alimentos. Assim, tem-se evidência de instrumentos de pedra lascada que, há cerca de 2 milhões de anos, foram utilizados para descarnar, melhorando assim a qualidade e a quantidade de alimentos disponíveis. É claro que a pedra, lascada com esse objetivo, deveria ter dimensões adequadas para cumprir sua finalidade. A avaliação das dimensões apropriadas para a pedra lascada talvez seja a primeira manifestação matemática da espécie. O fogo, utilizado amplamente a partir de 500 mil anos, dá a alimentação características inclusive de organização social.[13]

---

[12] Um interessante estudo sobre a dinâmica cultural, embora restrita ao Ocidente, é o livro de Francesco Alberoni: *Gênese. Como se criam os mitos, os valores e as instituições da civilização ocidental*, trad. Mario Fondelli, Rocco, Rio de Janeiro, 1991 (ed. orig. 1989).

[13] Recomendo o filme/vídeo *Guerra do Fogo*, dir: Jean-Jacques Annaud, 1982.

Da utilização de carcaças de animais mortos passa-se a abater presas. A invenção da lança veio dar ao homem uma maior segurança para o abate de presas, que são, em geral, maiores e mais fortes que ele. Lanças de madeira, de cerca de 2,5 metros, aparecem há cerca de 250 mil anos. Sua utilização, coordenação muscular, percepção de alvo, reconhecimento de partes vulneráveis da presa, mostram o desenvolvimento de uma grande capacidade de observação e análise.

O abate circunstancial e ocasional de presas tinha, obviamente, caráter irregular na organização social. Mas, ao se criar a possibilidade de abater manadas, torna-se necessária a organização de grupos de caça, com uma estrutura hierárquica e liderança, distribuição de funções e organização de espaço. A vida social torna-se assim muito mais complexa. O aprendizado dos hábitos e dos comportamentos das espécies, não apenas de indivíduos, mostra o desenvolvimento da capacidade de classificar objetos [indivíduos] por qualidades específicas.

Esse foi um passo decisivo, reconhecido há cerca de 40 mil anos, na evolução da espécie humana, dando origem à organização das primeiras sociedades. A cooperação entre grupos relativamente numerosos de indivíduos, centrada em mitos e representações simbólicas, foi provavelmente responsável pelo surgimento de canto [**tempo**] e dança [**espaço**], o que levou grupos de indivíduos de distintas famílias a estarem juntos, situando em tempo e espaço seu universo simbólico. Segundo William H. McNeill, canto e dança foram a primeira grande inovação distinguindo o curso evolutivo da espécie humana de seus parentes mais próximos, os chimpanzés.[14] Dança e canto são intimamente associados com representações matemáticas de espaço e tempo. A partir da reunião desses grupos maiores é provável que tenha evoluído a linguagem, como fala e gramática articuladas.

Todas essas invenções foram o prenúncio da agricultura, que se desenvolveu há cerca de 10.000 anos, e que foi a mais importante

---

[14] William H. McNeill: "*Passing Strange: The Convergence of Evolutionary Science with Scientific History*", *History and Theory*, v. 40, nº 1, February 2001; p. 1-15.

transição conceitual da história da humanidade. A agricultura possibilita padrões de subsistência impossíveis de serem atingidos por grupos de caçadores e coletores. A espécie humana encontrou, graças à agricultura, sua alimentação por excelência.[15]

O surgimento da agricultura representa, particularmente nas civilizações em torno do Mediterrâneo, a transição conceitual de uma visão matriarcal para uma visão patriarcal do mundo. Até a invenção da agricultura, as grandes divindades eram femininas. É com o surgimento da agricultura que se manifesta um deus identificado com o masculino.[16]

As populações aumentam e surge a necessidade de instrumentos intelectuais para o planejamento do plantio, da colheita e do armazenamento, e, consequentemente, organização de posse da terra, de produção organizada e de trabalho, fundando as estruturas de poder e de economia ainda hoje prevalentes. Surgem mitos e cultos ligados aos fenômenos sazonais afetando a agricultura. Faz-se necessário saber onde [**espaço**] e quando [**tempo**] plantar, colher e armazenar.

A geometria [*geo*=terra, *metria*=medida] é resultado da prática dos faraós, que permitia alimentar o povo nos anos de baixa produtividade, de distribuir as terras produtivas às margens do Rio Nilo e medi-las, após as enchentes, com a finalidade de recolher a parte destinada ao armazenamento [tributos].[17]

---

[15] Um clássico é o livro de Luis da Câmara Cascudo: *História da alimentação no Brasil*, Coleção Brasiliana, São Paulo, 1967. Muito interessante os estudos no livro de Jean-Louis Flandrin e Massimo Montanari (orgs.): *História da Alimentação*, trad. Luciano Vieira Machado e Guilherme João de Freitas Teixeira, 2ª edição, Estação Liberdade, São Paulo, 1998 (ed. orig. 1996). Ver, em particular, o Capítulo 1: As estratégias alimentares nos tempos pré-históricos, por Catherine Perlès, p. 36-53. Infelizmente, o livro é inteiramente focalizado na Europa. Sobre a América Latina, temos os livros de Eduardo Estrella: *El Pan de América. Etnohistória de los Alimentos Aborígenes em el Ecuador*, Centro de Estúdios Históricos, Madrid, 1986; Teresa Rojas Rabiela/William T. Sanders: *Historia de la agricultura. Época prehispanica – siglo XVI*, Instituto Nacional de Antropologia e Historia, México, 1985.

[16] Ver o fascinante livro de Jean Marcale: *La grande déesse: Mythes et sanctuaires*, Editions Albin Michel, Paris, 1997.

[17] Esse é o tema, relatado na Bíblia, do sonho do faraó das sete vacas e sete espigas, interpretado por José. A consequência é uma das primeiras manifestações de ciência utilizada na organização social. José, o sábio, alçado à condição de poder, organiza os sistemas de produção, colheita e armazenamento, evitando a fome nos domínios do faraó. Ver o relato

Os calendários sintetizam o conhecimento e o comportamento necessários para o sucesso das etapas de plantio, colheita e armazenamento. Os calendários são obviamente associados aos mitos e cultos, dirigidos às entidades responsáveis por esse sucesso, que garante a sobrevivência da comunidade. Portanto, os calendários são locais.

Embora o calendário reconhecido internacionalmente seja aquele proclamado pelo Papa Gregório XIII, em vigor desde 15 de outubro de 1582, há no mundo cerca de 40 calendários atualmente em uso. A construção de calendários, isto é, a contagem e registro do tempo, é um excelente exemplo de etnomatemática.[18]

Muitos talvez estranhem tanta ênfase que eu dou ao entendimento da alimentação e das questões agrícolas. Sem dúvida, a alimentação, nutrir-se para sobreviver, sempre foi a necessidade primeira de todo ser vivo. Com o surgimento da agricultura, as primeiras sociedades organizadas começam a ser identificadas. A geo-metria e os calendários são exemplos de uma etnomatemática associada ao sistema de produção, resposta à necessidade primeira das sociedades organizadas de alimentar um povo.

Conhecimentos e comportamentos são compartilhados e compatibilizados, possibilitando a continuidade dessas sociedades. Esses conhecimentos e comportamentos são registrados, oral ou graficamente, e difundidos e passados de geração para geração. Nasce, assim, a história de grupos, de famílias, de tribos, de comunidades, de nações.

Isso tem grande importância na educação. Um projeto de educação matemática centrado na construção de hortas caseiras, desenvolvido por José Carlos Borsato, está entre os primeiros trabalhos de etnomatemática como prática pedagógica. Não se usava, então, o termo etnomatemática.[19]

---

na tradução da Bíblia por André Chouraqui: *No Princípio* (Gênesis), trad. Carlino Azevedo, Imago Editora, Rio de Janeiro, 1995; Gwen. 41, p. 424-437. A ideia da distribuição de terras e pagamento de tributos encontra-se em Herôdotos: *História*, trad. Mário da Gama Kury, Editora Universidade de Brasília, Brasília, 1985, p. 121.

[18] Um excelente livro é E.G.Richards: *Mapping Time: The Calendar and Its History*, Oxford University Press, Oxford, 1998.

[19] José Carlos Borsato: *Uma experiência de integração curricular: Projeto Áreas Verdes,*

Mais recentemente, os trabalhos de Gelsa Knijnik[20] e de Alexandrina Monteiro,[21] dentre muitos outros, focalizam a etnomatemática desenvolvida e praticada nos assentamentos agrícolas.

O fazer matemático no cotidiano

Dentre as distintas maneiras de fazer e de saber, algumas privilegiam comparar, classificar, quantificar, medir, explicar, generalizar, inferir e, de algum modo, avaliar. Falamos então de um saber/fazer matemático na busca de explicações e de maneiras de lidar com o ambiente imediato e remoto. Obviamente, esse saber/fazer matemático é contextualizado e responde a fatores naturais e sociais.

O cotidiano está impregnado dos saberes e fazeres próprios da cultura. A todo instante, os indivíduos estão comparando, classificando, quantificando, medindo, explicando, generalizando, inferindo e, de algum modo, avaliando, usando os instrumentos materiais e intelectuais que são próprios à sua cultura.

Há inúmeros estudos sobre a etnomatemática do cotidiano. É uma etnomatemática não apreendida nas escolas, mas no ambiente familiar, no ambiente dos brinquedos e de trabalho, recebida de amigos e colegas. Como se dá esse aprendizado? Maria Luisa Oliveras identificou, trabalhando com artesãos em Granada, Espanha, o que ela chama uma etnodidática.[22]

Reconhecemos as práticas matemáticas de feirantes. As pesquisas de Terezinha Nunes, David Carraher e Ana Lúcia Schliemann

---

Dissertação do Curso de Mestrado em Ensino de Ciências e Matemática, UNICAMP/OEA/MEC, 1984. Ver resumo em Ubiratan D'Ambrosio (org.): *O ensino de Ciências e Matemática na América Latina*, Editora da UNICAMP/Papirus Editora, Campinas, 1984; p. 202-203.

[20] Gelsa Knijnik: *Exclusão e resistência. Educação Matemática e legitimidade cultural*, Artes Médicas, Porto Alegre, 1996.

[21] Alexandrina Monteiro: *Etnomatemática: as possibilidades pedagógicas num curso de alfabetização para trabalhadores rurais assentados*, Tese de Doutorado, Faculdade de Educação da UNICAMP, Campinas, 1998.

[22] Maria Luisa Oliveras: *Etnomatemáticas en Trabajos de Artesania Andaluza. Su Integración en un Modelo para la Formación de Profesores y en la Innovación del Currículo Matemático Escolar*, Tese de Doutorado, Universidad de Granada, Espanha, 1995; *Etnomatemáticas. Formación de profesores e innovación curricular*, Editorial Comares, Granada, 1996.

são pioneiras para reconhecer que crianças ajudando os pais na feira-livre, em Recife, adquirem uma prática aritmética muito sofisticada para lidar com dinheiro, calcular troco, ser capaz de oferecer desconto sem levar prejuízo.[23]

A utilização do cotidiano das compras para ensinar matemática revela práticas apreendidas fora do ambiente escolar, uma verdadeira etnomatemática do comércio. Um importante componente da etnomatemática é possibilitar uma visão crítica da realidade, utilizando instrumentos de natureza matemática. Análise comparativa de preços, de contas, de orçamento, proporcionam excelente material pedagógico. É pioneiro o trabalho de Marilyn Frankenstein ao propor uma matemática crítica nas escolas.[24] Uma proposta semelhante, tomando como referência produtos encontrados em supermercados, foi desenvolvida na Itália por Cinzia Bonotto.[25]

Procurando perceber a influência que a profissão dos pais tem sobre o desempenho dos filhos na escola, Adriana M. Marafon identificou práticas matemáticas próprias da profissão de borracheiro.[26]

Grupos de profissionais praticam sua própria etnomatemática. Assistindo a inúmeras cirurgias, Tod L. Shockey identificou, na sua tese de doutorado, práticas matemáticas de cirurgiões cardíacos, focalizando critérios para tomadas de decisão sobre tempo e risco e noções topológicas na manipulação de nós de sutura.[27] Maria do Carmo Villa pesquisou as maneira

[23] Terezinha Carraher, David Carraher, Analúcia Schliemann: *Na vida dez, na escola zero*, Cortez Editora, São Paulo, 1988. Regina Luzia Corio de Buriasco: *Matemática de fora e de dentro da escola: do Bloqueio à Transição*, Dissertação de Mestrado, Instituto de Geociências e Ciências Exatas da UNESP, Rio Claro, 1989.

[24] Marilyn Frankenstein: *Relearning Mathematics. A Different Third R – Radical Mathematics*, Free Association Books, London, 1989.

[25] Cinzia Bonotto: Sull'uso di artefatti culturali nell'insegnamento-apprendimento della matematica/About the use of cultural artifacts in the teaching-learning of mathematics, *L'Educazione Matematica*, Anno XX, Serie VI, 1(2), 1999; p. 62-95.

[26] Adriana César de Mattos Marafon: *A influência da família na aprendizagem da matemática*, Dissertação de Mestrado, Instituto de Geociências e Ciências Exatas da UNESP, Rio Claro, 1996.

[27] Tod L. Shockey: *The Mathematical Behavior of a Group of Thoracic Cardiovascular Surgeons*, Ph.D. Dissertation, Curry School of Education, University of Virginia,

como vendedores de suco de frutas decidem, por um modelo probabilístico, a quantidade de suco de cada fruta que devem ter disponíveis na sua barraca para atender, satisfatoriamente, as demandas da freguesia.[28] N. M. Acioly e Sergio R. Nobre identificaram a matemática praticada pelos bicheiros para praticar um esquema de apostas atrativo e compensador.[29] A matemática do jogo de bicho já havia atraído o interesse de Malba Tahan.[30] Marcelo de Carvalho Borba analisou a maneira como crianças da periferia se organizam para construir um campo de futebol, obedecendo, em escala, as dimensões oficiais.[31]

O reconhecimento de práticas matemáticas no cotidiano da África tem sido objeto de importantes pesquisas.[32] Um exemplo muito interessante é a utilização de instrumentos de percussão, parte integrante das tradições originárias da África. O ritmo que acompanha os instrumentos de percussão pode ser estudado como auxiliar na compreensão de razões.[33]

Merece destaque o trabalho de Claudia Zaslavsky. Seu livro, publicado em 1973, foi pioneiro ao reconhecer que muito das práticas matemáticas encontradas na África tem características

---

Charlottsville, USA, 1999.

[28] Maria do Carmo Villa: *Conceptions manifestées par les élèves dans une épreuve de simulation d'une situation aléatoire réalisée au moyen d'um matériel concret*, Tèse de Doctorat, Faculte dês Sciences de l'Université Laval, Québec, Canadá, 1993.

[29] N. M.Acioly: *A lógica do jogo do bicho: compreensão ou utilização de regras?* (Mestrado), Recife: Universidade Federal de Pernambuco, Programa de Psicologia Cognitiva, 1985. Sergio R. Nobre: *Aspectos sociais e culturais no desenho curricular da matemática*, Dissertação de Mestrado, Instituto de Geociências e Ciências Exatas da UNESP, Rio Claro, 1989.

[30] Malba Tahan: *O Jogo do Bicho à luz da Matemática*, Grafipar Editora, Curitiba, s/d [após 1975].

[31] Marcelo de Carvalho Borba: *Um estudo de Etnomatemática: Sua incorporação na elaboração de uma proposta pedagógica para o Núcleo Escola da favela da Vila Nogueira/São Quirino*, Dissertação de Mestrado, Instituto de Geociências e Ciências Exatas da UNESP, Rio Claro, 1987.

[32] Wilhelm Neeleman: *Ensino de Matemática em Moçambique e sua relação com a cultura tradicional*, Dissertação de Mestrado, Instituto de Geociências e Ciências Exatas da UNESP, 1993.

[33] Como utilizar este recurso pedagógico pode ser visto no artigo de Anthony C. Stevens, Janet M. Sharp, and Becky Nelson: "*The Intersection of Two Unlikely Worlds: Ratios and Drums*", *Teaching Children Mathematics* (NCTM), v. 7, nº 6, February 2001; p. 376-383.

próprias, é uma verdadeira etnomatemática, embora o termo não tenha sido utilizado.[34]

O interesse pela etnomatemática das culturas africanas tem crescido enormemente. Deve-se destacar os trabalhos de Paulus Gerdes e seus colaboradores em Moçambique, com um grande número de publicações em português, sobretudo analisando cestaria, tecidos e jogos tradicionais na África meridional.[35]

Nas Américas, a etnomatemática comparece fortemente nas culturas nativas remanescentes. Há grande interesse no estudo histórico da etnomatemática existente na chegada dos conquistadores e praticada no período colonial.[36] Mas culturas remanescentes ainda praticam sua etnomatemática.

Conciliar a necessidade de ensinar a matemática dominante e ao mesmo tempo dar o reconhecimento para a etnomatemática das suas tradições é o grande desafio da educação indígena. O tema foi abordado por Samuel López Bello, trabalhando junto a professores de tradição quéchua na Bolívia.[37]

As relações econômicas e os sistemas de produção são importantes fatores no desenvolvimento e transformação da etnomatemática como corpo de conhecimento, como mostrou Chateaubriand Nunes Amâncio.[38]

A vasta bibliografia hoje disponível não permite, num livro de pequeno porte, fazer um tipo de "Estado da Arte" das pesquisas em etnomatemática. De fato, não é essa a intenção desta publicação. Mas justifica-se dar alguma orientação para aqueles que desejam se

---

[34] Claudia Zaslavsky: *Africa Counts. Number and Pattern in African Cultures*, Third Edition, Lawrence Hill Books, Chicago, 1999.

[35] Paulus Gerdes: *Sobre o despertar do pensamento geométrico*, Editora da UFPR, Curitiba, 1992.

[36] Um referência básica é o livro de Michael P. Closs, ed.: *Native Americans Mathematics*, University of Texas Press, Austin, 1986. Não se pode deixar de mencionar o livro pioneiro de Márcia e Robert Ascher: *Code of the Quipus: a study in media, mathematics and culture*, The University of Michigan Press, Ann Arbor, 1981.

[37] Samuel López Bello: Etnomatemática: *Relações e tensões entre as distintas formas de explicar e conhecer*, Tese de Doutorado, Faculdade de Educação da UNICAMP, Campinas, 2000.

[38] O tema foi abordado por Chateaubriand Nunes Amâncio: *Os Kanhgág da Bacia do Tibagi: Um estudo etnomatemático em comunidades indígenas*, Dissertação de Mestrado, Instituto de Geociências e Ciências Exatas, UNESP, Rio Claro, 1999.

aprofundar na etnomatemática, tanto do ponto de vista de pesquisa quanto pedagógico.

Um número especial da revista *Teaching Children Mathematics*, do *National Council of Teachers of Mathematics*, teve como foco "*Mathematics and Culture*". Foi uma coletânea de vários trabalhos, todos tendo em vista a escola.

Como procurei mostrar neste capítulo, a etnomatemática é parte do cotidiano, que é o universo no qual se situam as expectativas e as angústias das crianças e dos adultos.

Capítulo II

As várias dimensões da Etnomatemática

A dimensão conceitual

Etnomatemática é um programa de pesquisa em história e filosofia da matemática, com óbvias implicações pedagógicas.

Vou começar com uma reflexão sobre a origem das ideias matemáticas. Como surge a matemática?

A matemática, como o conhecimento em geral, é resposta às pulsões de sobrevivência e de transcendência, que sintetizam a questão existencial da espécie humana. A espécie cria teorias e práticas que resolvem a questão existencial. Essas teorias e práticas são as bases de elaboração de conhecimento e decisões de comportamento, a partir de representações da realidade. As representações respondem à percepção de espaço e tempo. A virtualidade dessas representações, que se manifesta na elaboração de modelos, distingue a espécie humana das demais espécies animais.

Em todas as espécies vivas, a questão da sobrevivência é resolvida por comportamentos de resposta imediata, aqui e agora, elaborada sobre o real e recorrendo a experiências prévias [conhecimento] do indivíduo e da espécie [incorporada no código genético]. O comportamento se baseia em conhecimentos e ao mesmo tempo produz novo conhecimento. Essa simbiose de comportamento e conhecimento é o que denominamos instinto, que resolve a questão da sobrevivência do indivíduo e da espécie.

Na espécie humana, a questão da sobrevivência é acompanhada pela da transcendência: o "aqui e agora" é ampliado para o "onde e quando". A espécie humana transcende espaço e tempo para além do imediato e do sensível. O presente se prolonga para o passado e o futuro, e o sensível se amplia para o remoto. O ser humano age em função de sua capacidade sensorial, que responde ao material [artefatos], e de sua imaginação, muitas vezes chamada criatividade, que responde ao abstrato [mentefatos].

A realidade material é o acúmulo de fatos e fenômenos acumulados desde o princípio. O que é o princípio, em espaço e tempo? Essa é a questão maior de todos os sistemas religiosos, filosóficos e científicos.

A realidade percebida por cada indivíduo da espécie humana é a realidade natural, acrescida da totalidade de artefatos e de mentefatos [experiências e pensares], acumulados por ele e pela espécie [cultura]. Essa realidade, através de mecanismos genéticos, sensoriais e de memória [conhecimento], informa cada indivíduo. Cada indivíduo processa essa informação, que define sua ação, resultando no seu comportamento e na geração de mais conhecimento. O acúmulo de conhecimentos compartilhados pelos indivíduos de um grupo tem como consequência compatibilizar o comportamento desses indivíduos e, acumulados, esses conhecimentos compartilhados e comportamentos compatibilizados constituem a cultura do grupo.

A dimensão histórica

Vivemos no momento o apogeu da ciência moderna, que é um sistema de conhecimento que se originou na bacia do Mediterrâneo, há cerca de 3.000 anos, e que se impôs a todo o planeta. Essa rápida evolução é um período pequeno em toda a história da humanidade e não há qualquer indicação que será permanente. O que virá depois? Sem dúvida, como sempre aconteceu com outros sistemas de conhecimento, a própria ciência moderna vai desenvolvendo os instrumentos intelectuais para sua crítica e para a incorporação de elementos de outros sistemas de conhecimento.

Esses instrumentos intelectuais dependem fortemente de uma interpretação histórica dos conhecimentos de egípcios, babilônicos, judeus, gregos e romanos, que estão nas origens do conhecimento moderno.

Notam-se, no decorrer de quase três milênios, transições entre o qualitativo e o quantitativo na análise de fatos e fenômenos. O que poderíamos chamar o raciocínio quantitativo dos babilônicos deu lugar a um raciocínio qualitativo, característico dos gregos, que prevaleceu durante toda a Idade Média.

A modernidade se deu com a incorporação do raciocínio quantitativo, possível graças à aritmética [*tica* = arte + *aritmos* = números] feita com algarismos indo-arábicos e, posteriormente, com as extensões de Simon Stevin [decimais] e de John Neper [logaritmos], culminando com os computadores. Nessa evolução foi privilegiado o raciocínio quantitativo, que pode ser considerado a essência da modernidade. Mais recentemente, vemos uma busca intensa de raciocínio qualitativo, particularmente através da inteligência artificial. Esta tendência está em sintonia com a intensificação do interesse pelas etnomatemáticas, cujo caráter qualitativo é fortemente predominante.

Um outro aspecto a ser notado na evolução do pensamento ocidental é a subordinação do pensamento global, como era predominante nas culturas nas margens ao sul do Mediterrâneo, pelo pensamento sequencial, que se tornou uma característica da filosofia grega. Isso vem culminar no pensamento de René Descartes, cujo resultado é a organização disciplinar, que prevaleceu sobre as propostas holísticas de Jan Comenius.

Estamos vivendo agora um momento que se assemelha à efervescência intelectual da Idade Média. Justifica-se, portanto, falar em um novo renascimento. Etnomatemática é uma das manifestações desse novo renascimento.

É importante notar que a aceitação e incorporação de outras maneiras de analisar e explicar fatos e fenômenos, como é o caso das etnomatemáticas, se dá sempre em paralelo com outras manifestações da cultura. Isso é evidente nas duas tentativas de introdução do sistema indo-arábico na Europa. A primeira tentativa, por Gerbert de Aurillac, que foi sagrado papa em 999 como Sivestre II, não teve sucesso.[1] A segunda tentativa, quase três séculos depois, foi promovida pelo mercador Leonardo Fibonacci, de Pisa, com a publicação do *Líber Abaci*, em 1202. Para o modelo econômico e a tecnologia que prevaleciam no século XI, o novo sistema ensinado por Silvestre II pouco acrescentava. Porém, para o mercantilismo que começava a se desenvolver no século XIII, bem como para os avanços da ciência experimental da Baixa Idade Média, a aritmética apreendida dos árabes era essencial.

Esse paralelo entre as ideias matemáticas e o modelo econômico foi reconhecido por Frei Vicente do Salvador, ao comentar sobre a aritmética dos indígenas brasileiros. O historiador explica que contavam pelos dedos das mãos e, se necessário, dos pés. Com isso satisfaziam perfeitamente todas as necessidades de seu cotidiano [de sobrevivência] e de seus sistemas de explicações [de transcendência]. Não conheciam outros sistemas porque não havia razão para tal.[2] Hoje, o indígena quer calculadoras, porque elas são essenciais para suas relações comerciais.

Será impossível entendermos o comportamento da juventude de hoje e, portanto, avaliarmos o estado da educação, sem recorrermos a uma análise do momento cultural que os jovens estão vivendo. Isso nos leva a examinar o que se passa com a disciplina central nos currículos, que é a matemática. Não apenas da própria disciplina, o que leva a reflexões necessariamente interculturais sobre a história e a filosofia da matemática, mas, igualmente necessário, sobre como a matemática se situa hoje na experiência, individual e coletiva, de cada indivíduo.

A dimensão cognitiva

As ideias matemáticas, particularmente comparar, classificar, quantificar, medir, explicar, generalizar, inferir e, de algum modo, avaliar, são formas de pensar, presentes em toda a espécie humana.

---

[1] Ver o artigo de Osmo Pekonen: "*Gerbert of Aurillac: Mathematician and Pope*", *The Mathematical Intelligencer*, v. 22, n. 4, 2000; p. 67-70.

[2] Frei Vicente do Salvador: *História do Brasil 1500-1627*, Revista por Capistrano de Abreu, Rodolfo Garcia e Frei Venâncio Willeke, OFM, Edições Melhoramentos, São Paulo, 1965.

A atenção dos cientistas da cognição vem sendo crescentemente dirigida a essa característica da espécie.

O surgimento do pensamento matemático em indivíduos, e na espécie humana como um todo, tem sido objeto de intensa pesquisa. O cérebro já está bem conhecido e sabemos muito sobre a massa craniana. Pretendeu-se até privilegiar lóbulos cranianos para ações específicas! Mas onde está a capacidade de preferir uma cor à outra, a razão por que um cheiro desperta emoções? Entre mente e cérebro há uma diferença fundamental. A nova ciência da cognição vem recebendo grande contribuição de neurologistas.[3]

As atenções dos pesquisadores estão voltadas para estudos da mente, ou estudos da consciência. Essa área de pesquisa é chamada por muitos a última fronteira da ciência. O que é pensar? O que é consciência? Os estudos da mente ou estudos da consciência, comuns entre neurologistas, inclusive neurocirurgiões, vêm atraindo crescente interesse de matemáticos e físicos teóricos.[4]

Claro, para se conhecer humanos é importante conhecer aqueles seres vivos que têm alguma similaridade com os humanos, em particular os primatas. Basta notar que o *rhesus*, base do transgênico ANDi, tem cerca de 98% de seu genoma idêntico ao do homem. Os primatas têm sido objeto de muita pesquisa. Nota-se nos primatas a emergência de um pensamento de natureza matemática, privilegiando o quantitativo.[5]

Igualmente importante é criar aparelhos automatizados e modelos que, ao menos parcialmente, executem funções próximas àquelas desempenhadas pelos humanos. Sem dúvida, as calculadoras e os computadores têm se mostrado eficientes no tratamento quantitativo. Mas o maior desafio é o pensamento qualitativo, o que inclui emoções. É o campo da robótica e da inteligência artificial.

---

[3] Oliver Sacks: *Um antropólogo em Marte. Sete histórias paradoxais*, trad. Bernardo Carvalho, Companhia das Letras, São Paulo, 1995.

[4] Ver o livro de Brian Butterworth: *What Counts. How Every Brain Is Hardwired for Math*, The Free Press, New York, 1999.

[5] O livro recente de Daniel J. Povinelli: *Folk Physics for Apes. The Chimpanzee's Theory of How the World Works*, Oxford University Press, Oxford, 2000, provocou muitas controvérsias. Sem dúvida, é uma área de pesquisa muito ativa.

Um dos temas fascinantes é o estudo de desenvolvimento "mental" autônomo de robôs, como resultado de experiências com o ambiente natural.[6]

Mas voltemos à nossa espécie, onde as ideias de comparar, classificar, quantificar, medir, explicar, generalizar, inferir e, de algum modo, avaliar, aparecem como características.

A espécie *homo sapiens sapiens* é nova. É identificada há cerca de 40 mil anos. As espécies que a precederam, os australopitecos, surgiram há cerca de 5 milhões de anos, perto de onde hoje é Tanzânia, e se espalharam por todo planeta. Nessa expansão, as espécies vão se transformando, sob influência de clima, alimentação e vários outros fatores, e vão desenvolvendo técnicas e habilidades que permitem sua sobrevivência nas regiões novas que vão encontrando. Ao se deparar com situações novas, reunimos experiências de situações anteriores, adaptando-as às novas circunstâncias e, assim, incorporando à memória novos fazeres e saberes. Graças a um elaborado sistema de comunicação, as maneiras e modos de lidar com as situações vão sendo compartilhadas, transmitidas e difundidas.

Embora o conhecimento seja gerado individualmente, a partir de informações recebidas da realidade, no encontro com o outro se dá o fenômeno da comunicação, talvez a característica que mais distingue a espécie humana das demais espécies. Via comunicação, as informações captadas por um indivíduo são enriquecidas pelas informações captadas pelo outro. O conhecimento gerado pelo indivíduo, que é resultado do processamento da totalidade das informações disponíveis, é, também via comunicação, compartilhado, ao menos parcialmente, com o outro. Isso se estende, obviamente, a outros e ao grupo. Assim, desenvolve-se o conhecimento compartilhado pelo grupo.

O comportamento de cada indivíduo, associado ao seu conhecimento, é modificado pela presença do outro, em grande parte pelo conhecimento das consequências para o outro. Isso é

[6] Ver Juyang Weng *et al.*: "*Autonomous Mental Development by Robots and Machines*", *Science*, v. 291, 26 January 2001; p. 599-600.

recíproco e, assim, o comportamento de um indivíduo é compatibilizado com o comportamento do outro. Obviamente, isso se estende a outros e ao grupo. Assim, desenvolve-se o comportamento compatibilizado do grupo.

Cultura é o conjunto de conhecimentos compartilhados e comportamentos compatibilizados.

Como já mencionei na Introdução, temos evidência de uma espécie, um tipo de australopiteco, que viveu há cerca de 2,5 milhões de anos e utilizou instrumentos de pedra lascada para descarnar animais. É fácil entender que ao se alimentar de um animal abatido, a existência de um instrumento, como uma pedra lascada, permite raspar o osso e, assim, não só aproveitar todos os pedacinhos, mas também retirar dos ossos nutrientes que não seriam acessíveis ao comer só com os dentes. A espécie passou a ter mais alimento, de maior valor nutritivo. Esse parece ter sido um fator decisivo no aprimoramento do cérebro das espécies que dominaram essa tecnologia.

O que tem isso a ver com etnomatemática?

Na hora em que esse australopiteco escolheu e lascou um pedaço de pedra, com o objetivo de descarnar um osso, a sua mente matemática se revelou. Para selecionar a pedra, é necessário avaliar suas dimensões, e, para lascá-la o necessário e o suficiente para cumprir os objetivos a que ela se destina, é preciso avaliar e comparar dimensões. Avaliar e comparar dimensões é uma das manifestações mais elementares do pensamento matemático. Um primeiro exemplo de etnomatemática é, portanto, aquela desenvolvida pelos autralopitecos.

Na sua evolução, espalhados em pequenos grupos por várias regiões do planeta, as espécies que nos precederam foram aprimorando os instrumentos materiais e intelectuais para lidar com o seu ambiente e desenvolvendo novos instrumentos.

Em várias regiões do planeta as diferentes línguas começam a se delinear e permitem organizar sistemas de conhecimento. Registros começam a ser feitos. São particularmente ricos os registros da Eurásia e é possível fazer uma pré-história das ideias matemáticas que darão origem à matemática acadêmica.

Na pré-história e na história identifica-se a etnomatemática como um sistema de conhecimento.[7]

O homem busca explicações para tudo e associa, muito naturalmente, essas explicações ao que vê mas não entende: clima, dia e noite, astros no céu. O que está acontecendo, o que se percebe e se sente a todo instante, podem ser indicadores do que vai acontecer. Esse é o mistério. Buscar explicações para o mistério que relaciona causas e efeitos é um importante passo na evolução das espécies *homo.*

Sistemas de explicações para as causas primeiras são organizados [mitos de criação]. A morte, tão evidente, talvez não seja um fim, mas o encontro com as causas primeiras. O que acontece após a morte? Ocorre uma pergunta ainda mais prática: o que vai se passar no momento seguinte? Quais as consequências do que estou vendo agora? Do que estou fazendo agora? Só o responsável pelas causas primeiras [um divino] poderia conhecer o mistério do que vai se passar.

Como perguntar ao divino o que vai acontecer? Através de técnicas de "consulta" ao divino. Essas técnicas são as chamadas artes divinatórias. Como influenciar o divino para que aconteça o desejável, o necessário, o agradável? Através de culto, sacrifício, magia.

As religiões são sistemas de conhecimento que permitem mergulhar no passado, explicando as causas primeiras, desenvolvendo um sentido de história e organizando tradições, e influenciar o futuro. O conhecimento das tradições é compartilhado pelo grupo. Continuar a pertencer ao grupo, mesmo após a morte, depende de assumir, em vida, o comportamento que responda ao conhecimento compartilhado. Esse comportamento, compatível e aceito pelo grupo, é subordinado a parâmetros, que chamamos valores.

Os desafios do cotidiano

Uma das coisas mais importantes no nosso relacionamento com o meio ambiente é a obtenção de nutrição e de proteção das

---

[7] Uma boa síntese da pré-história da matemática é o livro de Manoel de Campos Almeida: *Origens da Matemática*, Editora Universitária Champagnat, Curitiba, 1998.

intempéries. Conhecendo o meio ambiente, temos condições de fazer com que a capacidade de proteger e nutrir dependa menos de fatores como o tempo.

Ao dominar técnicas de agricultura, de pastoreio e de construções, os homens puderam permanecer num mesmo local, nascer e morrer no mesmo local. Perceberam o tempo necessário para a germinação e para a gestação, o tempo que decorre do plantio à colheita. Num certo momento, uma configuração no céu coincide com plantinhas que começam a brotar. É uma mensagem divina. Aprende-se a interpretar essas mensagens, que geralmente são traduzidas em períodos característicos do que chamamos as estações do ano.

A inseminação foi mais difícil de ser percebida, mas o tempo que vai da gestação ao nascimento é mais facilmente reconhecido. A regularidade do ciclo menstrual e o relacionamento de sua interrupção com a gestação são logo reconhecidos. O reconhecimento e registro do ciclo menstrual, associado às fases da Lua, parece ter sido uma das primeiras formas de etnomatemática.

A agricultura teve grande influência na história das ideias dos povos da bacia do Mediterrâneo. As teorias que permitem saber quais os momentos adequados para o plantio surgem subordinadas às tradições. Chamar essas estações e festejar a sua chegada, como um apelo e posterior agradecimento ao responsável pela regularidade, um divino, marcam os primeiros momentos de culto e de religião. A associação de religião com astronomia, com a agricultura e com a fertilidade é óbvia.

A matemática começa a se organizar como um instrumento de análise das condições do céu e das necessidades do cotidiano. Eu poderia continuar descrevendo como, aqui e ali, em todos os rincões do planeta e em todos os tempos, foram se desenvolvendo ideias matemáticas, importantes na criação de sistemas de conhecimento e, consequentemente, comportamentos, necessários para lidar com o ambiente, para sobreviver, e para explicar o visível e o invisível.

A cultura, que é o conjunto de comportamentos compatibilizados e de conhecimentos compartilhados, inclui valores. Numa mesma cultura, os indivíduos dão as mesmas explicações e utilizam os mesmos instrumentos materiais e intelectuais no seu dia a dia.

O conjunto desses instrumentos se manifesta nas maneiras, nos modos, nas habilidades, nas artes, nas técnicas, nas *ticas* de lidar com o ambiente, de entender e explicar fatos e fenômenos, de ensinar e compartilhar tudo isso, que é o *matema* próprio ao grupo, à comunidade, ao *etno*. Isto é, na sua etnomatemática.

Claro, em ambientes diferentes, as etnomatemáticas são diferentes. Os esquimós no Círculo Polar Ártico quando estão procurando se nutrir, não podem pensar em plantar e, portanto, não desenvolveram agricultura. Dedicaram-se então à pesca. Logo, eles têm que saber qual a boa hora de pescar. Devem pescar muito, talvez todo o dia. Mas o dia [claro] dura seis meses e a noite [escura] seis meses. Portanto, sua distribuição de tempo, e a percepção que têm dos céus e das forças que influenciam seu dia a dia, é muito distinta daqueles que têm seu cotidiano na região do Mediterrâneo ou na faixa equatorial. Sua Astronomia e sua Religião são distintas daquelas que surgiram na região do Mediterrâneo ou na faixa equatorial, bem como as maneiras de lidar com seu cotidiano. Sua etnomatemática é diferente.

Uma das coisas principais que aparece no início do pensamento matemático são as maneiras de contar o tempo. Na História da Matemática [e agora falo da matemática acadêmica, que tem sua origem na Grécia], os grandes nomes são ligados à Astronomia. A Geometria, na sua origem e no próprio nome, está relacionada com as medições de terreno. Como nos conta Heródoto, a geometria foi apreendida dos egípcios, onde era mais que uma simples medição de terreno, tendo tudo a ver com o sistema de taxação de áreas produtivas. Por trás desse desenvolvimento, vemos todo um sistema de produção e uma estrutura econômica, social e política, exigindo medições da terra e, ao mesmo tempo, aritmética para lidar com a economia e com a contagem dos tempos.

Enquanto esse sistema de conhecimento se desenvolvia, há mais de 2.500 anos, nas civilizações em torno do Mediterrâneo, os indígenas aqui da Amazônia estavam também tentando conhecer e lidar com o seu ambiente, desenvolvendo sistemas de produção e sistemas sociais, que igualmente necessitavam medições de espaço e de tempo. Igualmente os esquimós, as civilizações andinas, e aquelas da China, da Índia, da África sub-Sahara, enfim de todo o planeta. Todas estavam desenvolvendo suas maneiras de conhecer.

A dimensão epistemológica

Conhecer o que? Sistema de conhecimento para que? Os sistemas de conhecimento permitem a sobrevivência, mas igualmente respondem a questões existenciais fundamentais, tais como: de onde eu vim? Para onde eu vou? Qual é o meu passado e o passado da minha gente? Qual é o futuro, meu e da minha gente? Como ir além do momento atual, mergulhar nos meus questionamentos e objetivos, no passado e no futuro? Como transcender o aqui e agora?

Sistemas de conhecimento são conjuntos de respostas que um grupo dá às pulsões de sobrevivência e de transcendência, inerentes à espécie humana. São os fazeres e os saberes de uma cultura. Como se relacionam saberes e fazeres?

Entender esse relacionamento pode ser resumido e A grande controvérsia na história da ciência é a relação entre o empírico e o teórico, que se resume em três questões diretas:

1. Como passamos de observações e práticas *adhoc* para experimentação e método?
2. Como passamos de experimentação e método para reflexão e abstração?
3. Como procedemos para invenções e teorias?

Essa sequência serve de base para explicar a evolução do conhecimento, isto é, para uma teoria do conhecimento, ou epistemologia.[8]

A crítica que faço à epistemologia é o fato de ela focalizar o conhecimento já estabelecido, de acordo com os paradigmas aceitos no tempo e no momento. Mas a dinâmica de geração do conhecimento, de sua organização intelectual e social, de sua difusão e, consequentemente, do retorno desse conhecimento àqueles responsáveis pela sua produção, constitui um ciclo indissolúvel e as tentativas de

[8] Ubiratan D'Ambrosio: *Several Dimensions of Science Education: A Latin American Perspective*, CIDE/REDUC, Santiago, 1990.

estudar esse ciclo isolando seus componentes é inadequado para sistemas de conhecimento não ocidentais. Isso fica muito claro quando se procura enfoques teóricos para a etnomatemática. Como diz Eglash, a matemática [ocidental] é vista como a culminância de um desenvolvimento sequencial e único do pensamento humano. Essa percepção, que ele classifica como mitologia, confunde-se com as epistemologias dominantes.[9]

Minha proposta de uma epistemologia adequada para se entender o ciclo do conhecimento de forma integrada pode ser sintetizada no esquema abaixo:

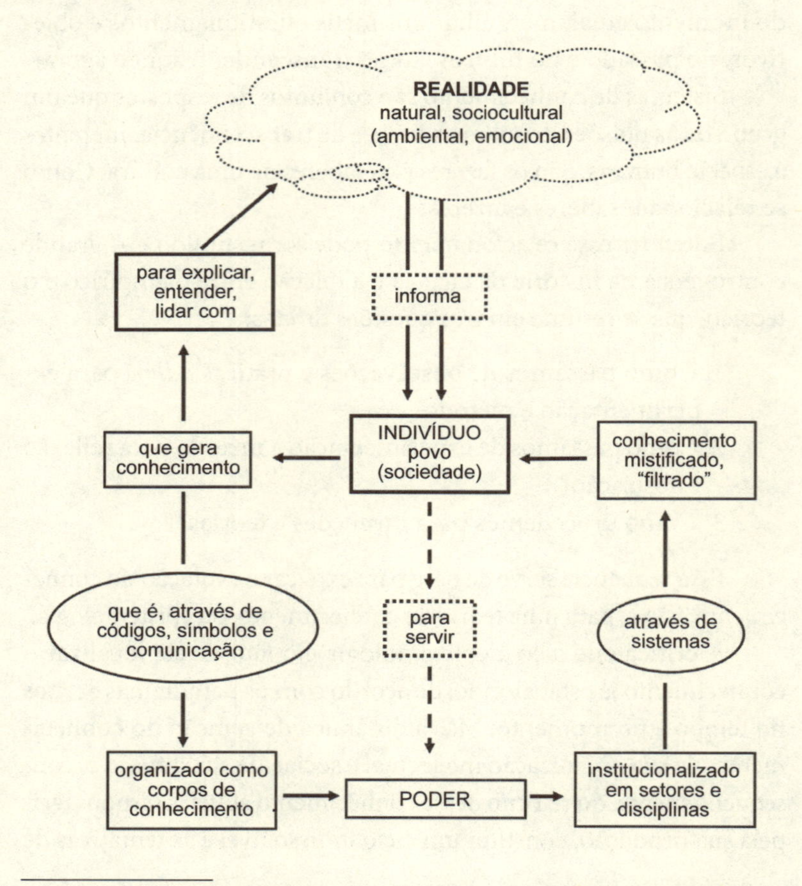

[9] Ron Eglash: "*Anthropological Perspectives on Ethnomathematics*", in Selin, Helaine, ed.: *Mathematics Across Cultures. The History of Non-Western Mathematics*, Kluwer Academic Publishers, Dordrecht, 2000; p. 13-22.

A fragmentação desse ciclo é absolutamente inadequada para se entender o ciclo do conhecimento. A historiografia associada à fragmentação do ciclo não pode levar a uma percepção integral de como a humanidade evolui. A fragmentação é particularmente inadequada para se analisar o conhecimento matemático das culturas periféricas.[10]

A dimensão política

Há cerca de 2.500 anos surge uma alternância de poder na região do Mediterrâneo. Egípcios e babilônicos alternam sua hegemonia, subordinando seu conhecimento e comportamento a um amplo politeísmo. São desafiados pela grande inovação, proposta pelos judeus, de um deus único e abstrato.

Os gregos e, logo a seguir, os romanos, pagãos politeístas, expandem o domínio do Mediterrâneo para o leste, conquistando civilizações milenares, como as da Pérsia e da Índia, e para o norte europeu, conquistando os povos bárbaros. Grécia e Roma, que impõem seus sistemas de conhecimento e sua organização social e política aos povos conquistados, são igualmente desafiados pela ideia de um deus único e abstrato, sobretudo pela ideia emergente do cristianismo.

Com a adoção, no século IV, do monoteísmo cristão, Roma impõe não só sua política, ciência, tecnologia e filosofia, mas, prioritariamente, a nova religião à grande parte da Eurásia acima do Trópico de Câncer.

O Império Romano, impondo suas maneiras de responder aos pulsões de sobrevivência e de transcendência, mostrou-se eficiente no encontro com outras culturas, tendo sucesso na conquista e na conversão religiosa, e, consequentemente, na expansão de seu poder.

O apogeu desse sucesso se dá na transição do século XV para o século XVI. Em cerca de 25 anos, navegadores de Espanha e de Portugal circunavegaram o globo. Foram logo acompanhados por

[10] Ubiratan D'Ambrosio: "*The cultural dynamics of the encounter of two worlds after 1492 as seen in the development of scientific thought*", *Impact of science on society,* n. 167, v. 42/3, 1992; p. 205-214.

outras nações europeias e, através dos mares, foram para o Norte, Sul, Leste, Oeste, para todos os lados, conquistando povos e levando as explicações e modos de lidar com o ambiente, modos e estilos de produção e de poder. Iniciou-se o processo de globalização do planeta.

Claro que, ao falar em conquista, estamos admitindo um conquistador e um conquistado. O conquistador não pode deixar o conquistado se manifestar. A estratégia fundamental no processo de conquista, adotado por um indivíduo, um grupo ou uma cultura [dominador], é manter o outro, indivíduo, grupo ou cultura [dominado], inferiorizado. Uma forma, muito eficaz, de manter um indivíduo, grupo ou cultura inferiorizado é enfraquecer suas raízes, removendo os vínculos históricos e a historicidade do dominado. Essa é a estratégia mais eficiente para efetivar a conquista.

A remoção da historicidade implica na remoção da língua, da produção, da religião, da autoridade, do reconhecimento, da terra e da natureza e dos sistemas de explicação em geral. Por exemplo, hoje qualquer índio sabe o Pai Nosso e a Ave Maria, crê em Deus e em Cristo, embora todo esse sistema nada tenha a ver com suas tradições. Ao ver destruído ou modificado o sistema de produção que garante o seu sustento, o dominado passa a comer e a gostar do que o dominador come.

Assim, as estratégias de sobrevivência e de transcendência do dominado são eliminadas e substituídas. Em alguns casos, o próprio indivíduo conquistado foi eliminado, numa evidente prática de genocídio.

Durante cerca de 300 anos, não só a cultura foi eliminada, mas também indivíduos dessa cultura, como aconteceu com os indígenas na costa Atlântica das Américas e no Caribe, foram exterminados. Em outras regiões do planeta, muitos indivíduos sobreviveram. Estes se mantiveram como grupos culturais marginalizados e excluídos, ou foram cooptados e assimilados à cultura do dominador.[11] Porém, uma cultura latente, muitas vezes disfarçada ou clandestina, se manteve durante o período da colonização.

---

[11] A cooptação é a forma mais cruel de dominação. O cooptado foi o "capitão do mato" da história da escravatura, é o operário premiado simbolizado no filme *O homem que*

Deve ter destaque muito grande o que se deu com a importação de africanos para trabalho escravo nas Américas. O Novo Mundo passou, e ainda passa, por grandes transformações na conjunção das culturas indígenas, africanas e europeias. A transferência e preservação de culturas africanas no Novo Mundo, incorporando e modificando tradições linguísticas, religiosas, artísticas e, sobretudo, científicas, é ainda pouco analisada pelos historiadores.[12]

Nas escolas ocorre uma situação semelhante. A escola ampliou-se, acolhendo jovens do povo, aos quais se oferece a possibilidade de acesso social. Mas esse acesso se dá em função de resultados, que são uma modalidade de cooptação. Sistemas adequados para a seleção dos que vão merecer acesso são criados e justificados por convenientes teorias de comportamento e de aprendizagem. Um instrumento seletivo de grande importância é a linguagem. O latim foi padrão, depois substituído pela norma culta da linguagem. Ainda hoje, muitas crianças se inibem ao falar porque sabem que falam errado e, como não são capazes de falar certo, silenciam. Logo, a matemática também assumiu um papel de instrumento de seleção. E sabemos que muitas crianças ainda são punidas por fazerem contas com os dedos!

Como explicar o que se passa com povos, comunidades e indivíduos no encontro com o diferente? Cada indivíduo carrega consigo raízes culturais, que vêm de sua casa, desde que nasce. Aprende dos pais, dos amigos, da vizinhança, da comunidade. O indivíduo passa alguns anos adquirindo essas raízes. Ao chegar à escola, normalmente existe um processo de aprimoramento, transformação e substituição dessas raízes. Muito semelhante ao que se dá no processo de conversão religiosa.

---

virou suco, de João Batista de Andrade (1981), será o *blade-runner* [caçador de androides] do futuro. A denúncia mais dramática e transparente da cooptação praticada no colonialismo é o personagem *Gunga Din*, de um poema de Rudyard Kipling, que deu origem ao filme de mesmo nome, dirigido por Georges Stevens (1939).

[12] Um excelente estudo sobre a preservação das tradições africanas no Brasil encontra-se no vídeo *Atlântico Negro – Nas rotas dos Orixás*, um documentário de Renato Barbieri, Videografia Criação e Produção, 1998.

O momento de encontro cultural tem uma dinâmica muito complexa. Esse encontro se dá entre povos, como se passou na conquista e na colonização, entre grupos. Também no encontro da criança ou do jovem, que tem suas raízes culturais, com a outra cultura, a cultura da escola, com a qual o professor se identifica. O processo civilizatório, e podemos dizer o mesmo do processo escolar, é essencialmente a condução dessa dinâmica.

A dinâmica escolar poderia também ter resultados positivos e criativos, que se manifestam na criação do novo. Mas geralmente se notam resultados negativos e perversos, que se manifestam sobretudo no exercício de poder e na eliminação ou exclusão do dominado.

A conversão depende do indivíduo esquecer e mesmo rejeitar suas raízes. Mas um indivíduo sem raízes é como uma árvore sem raízes ou uma casa sem alicerces. Cai no primeiro vento! Indivíduos sem raízes sólidas estão fragilizados, não resistem a assédios. O indivíduo necessita um referencial, que se situa não nas raízes de outros, mas, sim, nas suas próprias raízes. Se não tiver raízes, ao cair, se agarra a outro e entra num processo de dependência, campo fértil para a manifestação perversa de poder de um indivíduo sobre outro.

Estamos assistindo a esse processo nos sistemas escolares e na sociedade. É o poder dos que sabem mais, dos que têm mais, dos que podem mais. O poder do dominador se alimenta do quê? Esse poder só pode ter continuidade se tiver alguém que dependa dele, que se agarre a ele. E quem vai se agarrar a ele? Com toda certeza aqueles que não têm raízes.

Essa foi a eficiente estratégia adotada pelo colonizador. Eliminar a historicidade do conquistado, isto é, eliminar suas raízes. O processo de descolonização, que se festeja com a adoção de uma bandeira, de um hino, de uma constituição, é incompleto se não reconhecer as raízes culturais do colonizado.

A etnomatemática se encaixa nessa reflexão sobre a descolonização e na procura de reais possibilidades de acesso para o subordinado, para o marginalizado e para o excluído. A estratégia mais promissora para a educação, nas sociedades que estão em transição da subordinação para a autonomia, é restaurar a dignidade de seus indivíduos, reconhecendo e respeitando suas raízes. Reconhecer e respeitar as raízes de um indivíduo não significa ignorar e rejeitar as raízes do outro, mas, num processo de síntese, reforçar suas próprias raízes. Essa é, no meu pensar, a vertente mais importante da etnomatemática.

A dimensão educacional

A proposta da etnomatemática não significa a rejeição da matemática acadêmica, como sugere o título tão infeliz, "*Good Bye, Pythagoras*", que o jornal *Chronicle of Higher Education* deu para uma excelente matéria que publicou sobre etnomatemática, já mencionada na Introdução. Não se trata de ignorar nem rejeitar a matemática acadêmica, simbolizada por Pitágoras. Por circunstâncias históricas, gostemos ou não, os povos que, a partir do século XVI, conquistaram e colonizaram todo o planeta, tiveram sucesso graças ao conhecimento e comportamento que se apoiava em Pitágoras e seus companheiros da bacia do Mediterrâneo. Hoje, é esse conhecimento e comportamento, incorporados na modernidade, que conduz nosso dia a dia. Não se trata de ignorar nem rejeitar conhecimento e comportamento modernos. Mas, sim, aprimorá-los, incorporando a ele valores de humanidade, sintetizados numa ética de respeito, solidariedade e cooperação.

Conhecer e assimilar a cultura do dominador se torna positivo desde que as raízes do dominado sejam fortes. Na educação matemática, a etnomatemática pode fortalecer essas raízes.

De um ponto de vista utilitário, que não deixa de ser muito importante como uma das metas da escola, é um grande equívoco pensar que a etnomatemática pode substituir uma **boa matemática acadêmica**, que é essencial para um indivíduo ser atuante no mundo moderno. Na sociedade moderna, a etnomatemática terá utilidade limitada, mas, igualmente, muito da matemática acadêmica é absolutamente inútil nessa sociedade.

Quando digo **boa matemática acadêmica** estou excluindo o que é desinteressante, obsoleto e inútil, que, infelizmente, domina os programas vigentes. É óbvio que uma **boa matemática acadêmica** será conseguida se deixarmos de lado muito do que ainda está nos programas sem outras justificativas que um conservadorismo danoso e um caráter propedêutico insustentável. Costuma-se dizer "é necessário aprender **isso** para adquirir base para poder aprender **aquilo**." O fato é que o "aquilo" deve cair fora e, ainda com maior razão, o "isso".

Por exemplo, é inadmissível pensar hoje em aritmética e álgebra, que privilegiam o raciocínio quantitativo, sem a plena utilização de calculadoras. O raciocínio quantitativo possibilitou os grandes avanços da matemática, a partir da Baixa Idade Média, graças ao recurso a quantificações dos resultados de experiências, que passou a dominar a educação matemática.[13] O raciocínio quantitativo foi a razão de ser das calculadoras e computadores. E, agora, a maior realização educacional do raciocínio quantitativo, que é o Cálculo [aritmético, algébrico, diferencial, integral], está integrado às calculadoras e aos computadores.[14]

Por outro lado, o raciocínio qualitativo, também chamado analítico, fortemente conceitual, que havia sido retomado a partir do século XVII, ganhou importância no mundo moderno, dando origem a novas áreas matemáticas que se desenvolveram na segunda metade do século XX, tais como estatística, probabilidades, programação, modelagem, *fuzzies* e fractais. Atualmente, uma das áreas de pesquisa mais ativas, que é a inteligência artificial, visa a incorporar nos computadores o raciocínio qualitativo.

Pode parecer contraditório falarmos em uma matemática tão sofisticada quanto *fuzzies* e fractais quando fazemos a proposta da etnomatemática. Mas justamente o essencial da etnomatemática é incorporar a matemática do momento cultural, contextualizada, na educação matemática. Os fractais são, hoje, parte do imaginário e

---

[13] Ilustrativo desse domínio do quantitativo sobre o qualitativo é a mudança de nome da disciplina mais central do pensamento moderno, de Análise para Cálculo, ocorrida no correr do século XIX.

[14] Ver o interessante artigo de Anthony Ralston: "*Let's Abolish Pencil-and-Paper Arithmetic*", *Journal of Computers in Mathematics and Science Teaching*, v. 18, n. 2, 1999; p. 173-194.

da curiosidade popular. Despertam, portanto, interesse de crianças, jovens e adultos.[15]

O raciocínio qualitativo é essencial para se chegar a uma nova organização da sociedade, pois permite exercer crítica e análise do mundo em que vivemos. Deve, sem qualquer hesitação, ser incorporado nos sistemas educacionais. Essa incorporação se dá introduzindo nos programas, em todos os níveis de escolaridade, estatística, probabilidades, programação, modelagem, *fuzzies*, fractais e outras áreas novas emergentes na ciência atual.

A etnomatemática privilegia o raciocínio qualitativo. Um enfoque etnomatemático sempre está ligado a uma questão maior, de natureza ambiental ou de produção, e a etnomatemática raramente se apresenta desvinculada de outras manifestações culturais, tais como arte e religião. A etnomatemática se enquadra perfeitamente numa concepção multicultural e holística de educação.

O multiculturalismo está se tornando a característica mais marcante da educação atual. Com a grande mobilidade de pessoas e famílias, as relações interculturais serão muito intensas. O encontro intercultural gera conflitos que só poderão ser resolvidos a partir de uma ética que resulta do indivíduo conhecer-se e conhecer a sua cultura e respeitar a cultura do outro. O respeito virá do conhecimento. De outra maneira, o comportamento revelará arrogância, superioridade e prepotência, o que resulta, inevitavelmente, em confronto e violência.

Nossa missão de educadores tem como prioridade absoluta obter PAZ nas gerações futuras. Não podemos nos esquecer de que essas gerações viverão num ambiente multicultural, suas relações serão interculturais e seu dia a dia será impregnado de tecnologia. Talvez convivam humanos com indivíduos clonados e transgênicos e mesmo com androides. Um cenário de ficção, como se vê nos filmes *Caçador de Andróides* e *Matrix*, pode se tornar realidade. Não sabemos, ainda, como lidar com isso.

---

[15] Um exemplo de como essas teorias modernas e avançadas podem ser relacionadas com a etnomatemática pode ser visto no livro de Ron Eglash: *African Fractals. Modern Computing and Indigeneous Design*, Rutgers University Press, New Brunswick, 1999.

As gerações futuras é que vão organizar o mundo do futuro. Hoje ainda não sabemos o que fazer num futuro que se mostra com fatos que ainda estão no âmbito da ficção. Mas que vão, rapidamente, se tornando realidade.

Como podemos ensinar a eles como construir seu mundo de paz e de felicidade? O futuro será construído por eles. O que podemos oferecer a eles para construir um futuro sem os males do presente? A maneira como as gerações passadas lidaram com o futuro, ancorada em todo o conhecimento oferecido pela modernidade, deu o nosso presente. Um presente angustiante, de iniquidades, injustiças, arrogância, exclusão, destruição ambiental, conflitos inter e intraculturais, guerras. Não é isso que devemos legar para nossos bisnetos e tataranetos e para as gerações futuras.

Como educadores, podemos oferecer às crianças de hoje, que constituem a geração, que em vinte ou trinta anos, estará em posição de decisão, uma visão crítica do presente e os instrumentos intelectuais e materiais que dispomos para essa crítica. Estamos vivendo uma profunda transição, com maior intensidade que em qualquer outro período da história, na comunicação, nos modelos econômicos e sistemas de produção, e nos sistemas de governança e tomada de decisões.

A educação nessa transição não pode focalizar a mera transmissão de conteúdos obsoletos, na sua maioria desinteressantes e inúteis, e inconsequentes na construção de uma nova sociedade. O que podemos fazer para as nossas crianças é oferecer a elas os instrumentos comunicativos, analíticos e materiais para que elas possam viver, com capacidade de crítica, numa sociedade multicultural e impregnada de tecnologia.[16]

A matemática se impôs com forte presença em todos as áreas de conhecimento e em todas as ações do mundo moderno. Sua presença no futuro será certamente intensificada, mas não na forma praticada hoje. Será, sem dúvida, parte integrante

[16] Os instrumentos comunicativos, analíticos e materiais, que chamo *literacia*, *materacia* e *tecnoracia*, são discutidos no meu livro *Educação para uma sociedade em transição*, Papirus Editora, Campinas, 1999.

dos instrumentos comunicativos, analíticos e materiais. A aquisição dinâmica da matemática integrada nos saberes e fazeres do futuro depende de oferecer aos alunos experiências enriquecedoras. Cabe ao professor do futuro idealizar, organizar e facilitar essas experiências. Mas, para isso, o professor deverá ser preparado com outra dinâmica. Como diz Beatriz D'Ambrosio, "o futuro professor de matemática deve aprender novas ideias matemáticas de forma alternativa".[17]

Vejo como a nossa grande missão, enquanto educadores, a preparação de um futuro feliz. E, como educadores matemáticos, temos que estar em sintonia com a grande missão de educador. Está pelo menos equivocado o educador matemático que não percebe que há muito mais na sua missão de educador do que ensinar a fazer continhas ou a resolver equações e problemas absolutamente artificiais, mesmo que, muitas vezes, tenha a aparência de estar se referindo a fatos reais.

A proposta pedagógica da etnomatemática é fazer da matemática algo vivo, lidando com situações reais no tempo [agora] e no espaço [aqui]. E, através da crítica, questionar o aqui e agora. Ao fazer isso, mergulhamos nas raízes culturais e praticamos dinâmica cultural. Estamos, efetivamente, reconhecendo na educação a importância das várias culturas e tradições na formação de uma nova civilização, transcultural e transdisciplinar.

Como diz Teresa Vergani,

> A etnomatemática sabe que *um mundo unitário e plural* se está gerando, e que o desbloqueio entre culturas começa por atender ao problema da 'tradutibilidade' recíproca.
>
> A primeira característica híbrida da etnomatemática a ter em conta é o seu *empenhamento no diálogo entre identidade (mundial) e alteridade (local), terreno onde a matemática e a antroplogia se intersectam.*[18]

---

[17] Beatriz Silva D'Ambrosio: Formação de Professores de Matemática para o Século XXI: o Grande Desafio, *Pro-Posições*, v. 4, n. 1[10], março de 1993, p. 35-41; p. 39.

[18] Teresa Vergani: *Educação Etnomatemática: O que é?*, Pandora Edições, Lisboa, 2000; p. 12.

Por tudo isso, eu vejo a etnomatemática como um caminho para uma educação renovada, capaz de preparar gerações futuras para construir uma civilização mais feliz. Para se atingir essa civilização, com que sonho e que, acredito, pode ser alcançada, é necessário atingir a PAZ, nas suas várias dimensões: individual, social, ambiental e militar. A Organização das Nações Unidas proclamou, através da UNESCO, a década que se inicia como a Década para uma Cultura de Paz e de Não Violência. Todos os esforços educacionais devem ser dirigidos para essa prioridade. A etnomatemática é uma resposta a esse apelo.

Capítulo III

A dimensão cognitiva: conhecimento e comportamento

Conhecimento e ação

A geração intelectual e social e a difusão do conhecimento dão o quadro geral no qual procuro desenvolver minhas propostas específicas para a educação matemática. As ideias aqui apresentadas podem parecer um tanto vagas, imprecisas e exploratórias. Isto reflete o que se poderia chamar "o estado da arte" na teoria do conhecimento. Sabemos muito pouco sobre como pensamos. Os programas tradicionais das disciplinas de psicologia, de aprendizagem e correlatas se tornam obsoletos em vista das contribuições recentes da cibernética e da inteligência artificial e dos neurologistas.[1]

Ao longo da história se reconhecem esforços de indivíduos e de todas as sociedades para encontrar explicações, formas de lidar e conviver com a realidade natural e sociocultural. Isto deu origem aos modos de comunicação e às línguas, às religiões e às

---

[1] A inegável importância de Lev Vygotsky e Jean Piaget, ao fundamentar suas teorias de aprendizagem em cuidadosas observações diretas do sujeito no seu próprio ambiente, não justifica suas teorias ainda dominarem os programas de psicologia nos cursos de formação de professores. Uma excelente síntese da psicologia atual, focalizada nos primeiros anos de vida da criança, é o livro de Alison Gopnik, Andrew N. Meltzoff e Patrícia K. Kuhl: *The Scientist in the Crib. Minds, Brains, and How Children Learn*, William Morrow and Company, Inc., New York, 1999.

artes, assim como às ciências e às matemáticas, enfim, a tudo o que chamamos conhecimento. Indivíduos, e a espécie como um todo, se destacam entre seus pares e atingem seu potencial de criatividade porque conhecem. Todo conhecimento é resultado de um longo processo cumulativo, onde se identificam estágios, naturalmente não dicotômicos, entre si, quando se dão a geração, a organização intelectual, a organização social e a difusão do conhecimento.

Esses estágios são, respectivamente, o objeto da teoria da cognição, da epistemologia, da história e sociologia, e da educação e política. Como um todo, esse processo é extremamente dinâmico e jamais finalizado, e está, obviamente, sujeito a condições muito específicas de estímulo e de subordinação ao contexto natural, cultural e social. Assim é o ciclo de aquisição individual e social de conhecimento.

Minhas reflexões sobre educação multicultural levaram-me a ver a geração do conhecimento como primordial em todo esse processo. Na verdade, a geração se dá no presente, momento da transição entre passado e futuro. Isto é, a aquisição e a elaboração do conhecimento se dão no presente, como resultado de todo um passado, individual e cultural, com projeção no futuro. Entenda-se futuro como imediato e, mesmo, o mais remoto. Como resultado, a realidade é modificada, incorporando-se a ela novos fatos, isto é, "artefatos" e "mentefatos". Esse comportamento é intrínseco ao ser humano e resulta das pulsões de sobrevivência e de transcendência.

Embora se possa reconhecer aí um processo de construção de conhecimento, minha proposta é mais ampla que o construtivismo, que se tornou efetivamente uma proposta pedagógica, com características estruturalistas e privilegiando o racional. O enfoque holístico que proponho incorpora o sensorial, o intuitivo, o emocional e o racional através da vontade individual de sobreviver e de transcender. Essa proposta tem certa sintonia com a filosofia de educação de Comenius.[2]

Como eu já disse anteriormente, vejo sobrevivência e transcendência como a essência de ser [verbo] humano. O ser [substantivo]

[2] Veja Sergio Carlos Covello: *Comenius. A construção da pedagogia*. Editora Comenius, São Paulo, 1999.

humano, como todas as espécies vivas, procura apenas sua sobrevivência. A vontade de transcender é o traço mais distintivo da nossa espécie.

Não se sabe de onde provém a vontade de sobreviver como indivíduo e como espécie. Sem dúvida, está incorporada ao mecanismo genético a partir da origem da vida. Simplesmente constata-se que essa força é a essência de todas as espécies vivas. Nenhuma espécie, e portanto nenhum indivíduo, se orienta para a sua extinção. Cada momento é um exercício de sobrevivência.

Igualmente, não sabemos como a espécie humana adquire a vontade de transcender, que também parece estar embutida no nosso código genético. Essa tem sido a questão filosófica maior em toda a história da humanidade e em todas as culturas. Na forma de alma, vontade, livre arbítrio, a pulsão de transcender o momento de sobrevivência é reconhecido em várias manifestações do ser humano.

As reflexões sobre o presente, como a realização de nossa vontade de sobreviver e de transcender, devem ser necessariamente de natureza transdisciplinar e holística. Nessa visão, o presente, que se apresenta como a interface entre passado e futuro, está associado à ação e à prática.[3]

O foco de nosso estudo é o homem, como indivíduo integrado, imerso, numa realidade natural e social, o que significa em permanente interação com seu meio ambiente, natural e sociocultural. O presente é quando se manifesta a [inter]ação do indivíduo com seu meio ambiente, natural e sociocultural, que chamo comportamento. O comportamento, que também chamamos prática, fazer, ou ação, está identificado com o presente. O comportamento determina a teoria, que é o conjunto de explicações organizadas que resultam de uma reflexão sobre o fazer. As teorias e a elaboração de sistemas de explicações é o que geralmente chamamos saber ou, simplesmente, conhecimento. Na verdade, conhecimento é o substrato do comportamento, que é a essência do estar vivo.

---

[3] O instante é uma questão filosófica da mesma natureza que o irracional, que dominou a filosofia desde a Antiguidade grega.

O ciclo vital...—> REALIDADE —> INDIVÍDUO —> AÇÃO —>... pode ser esquematizado na figura seguinte:

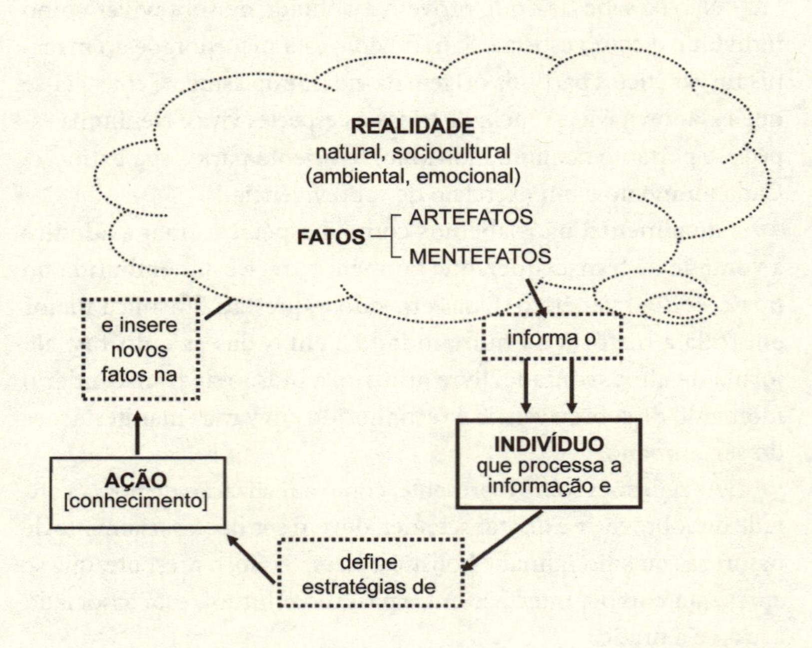

Esse é o ciclo permanente que permite a todo ser humano interagir com seu meio ambiente, com a realidade considerada na sua totalidade como um complexo de fatos naturais e artificiais. Essa ação se dá mediante o processamento de informações captadas da realidade por um processador que constitui um verdadeiro complexo cibernético, com uma multiplicidade de sensores não dicotômicos, identificados com instinto, memória, reflexos, emoções, fantasia, intuição, e outros elementos que ainda mal podemos imaginar. Como observa Oliver Sacks, referindo-se em especial à percepção visual, mas que se aplica a todos os sentidos,

> Atingimos a constância perceptiva – a correlação de todas as diferentes aparências, as modificações dos objetos – muito cedo, nos primeiros meses de vida. Trata-se de uma enorme tarefa de aprendizado, mas que é alcançada tão suavemente, tão inconscientemente que sua imensa complexidade mal é

> percebida (embora seja uma conquista a que nem mesmo os maiores supercomputadores conseguem começar a fazer face).[4]

A interação do indivíduo com a realidade, da qual ela é parte integrante e agente de transformações, é o grande desafio das ciências da cognição, particularmente da inteligência artificial. Como diz Humberto Maturana,

> seres humanos não existem em um domínio de entidades independentes e relações, mas existimos em um domínio de entidades e relações que resultam de coerências operacionais de nossa operação como seres humanos.

Mais adiante, Maturana distingue o conhecimento matemática de outras formas de conhecer:

> Formalismos matemáticos não se aplicam a uma realidade independente, eles se aplicam a coerências do nosso viver na medida em que encarnam configurações de relações que são isomórficas com as operações que executamos quando realizamos nosso viver.[5]

Ir além da sobrevivência

O processamento da informação (*input*) tem como resultado (*output*) estratégias para ação. Em outros termos, o homem executa seu ciclo vital de comportamento/conhecimento não apenas pela motivação animal de sobrevivência, mas subordina esse ciclo à transcendência, através da consciência do fazer/saber, isto é, faz porque está sabendo e sabe por estar fazendo. E isto tem seu efeito na realidade, criando novas interpretações e utilizações da realidade natural e artificial, modificando-a pela introdução

---

[4] Oliver Sacks: *Um antropólogo em Marte. Sete histórias paradoxais*, trad. Bernardo Carvalho. Companhia das Letras, São Paulo, 1995; p. 141-142.

[5] Humberto Maturana: "*The Effectiveness of Mathematical Formalisms*", *Cybernetics & Human Knowing*, v. 7, nº 2-3, 2000, p. 147-150.

de novos fatos, artefatos e mentefatos. Embora muito próximo à nomenclatura abstrato/concreto, prefiro artefato/mentefato, pois abstrato e concreto se referem à maneira de captar os fatos, enquanto, aos falarmos em artefato e mentefato, estamos nos referindo à geração dos fatos.

O conhecimento é o gerador do saber, decisivo para a ação, e por conseguinte é no comportamento, na prática, no fazer, que se avalia, redefine e reconstrói o conhecimento. A consciência é o impulsionador da ação do homem em direção à sobrevivência e à transcendência, ao saber fazendo e fazer sabendo. O processo de aquisição do conhecimento é, portanto, essa relação dialética saber/fazer, impulsionado pela consciência, e se realiza em várias dimensões.

Das várias dimensões na aquisição do conhecimento destacamos quatro, que são as mais reconhecidas e interpretadas nas teorias do conhecimento: sensorial, intuitiva, emocional e racional. Geralmente se associa o conhecimento religioso às dimensões intuitiva e emocional, enquanto o conhecimento científico é favorecido pelo racional, e o emocional prevalece nas artes. Naturalmente, essas dimensões não são dicotomizadas nem hierarquizadas, mas são complementares. Do mesmo modo que não há dicotomia entre o saber e o fazer, não há priorização entre um e outro, nem há prevalência nas várias dimensões do processo. Tudo se complementa num todo que é o comportamento e que tem como resultado o conhecimento.

Consequentemente, as dicotomias corpo/mente, matéria/espírito, manual/intelectual e outras tantas que se impregnaram no pensamento moderno são artificiais.

Nos últimos 50 anos nota-se um impressionante desenvolvimento da moderna ciência da cognição, que é um amálgama de, entre outras coisas, psicologia, biologia, inteligência artificial, linguística, filosofia. Vê-se, quando comparada com a psicologia experimental, uma atenção excessiva com os processos mentais internos. Hoje a própria ciência da cognição procura entender os fatores que permitem a interação dos sujeitos com seu ambiente. Um exemplo é a chamada ciência cognitiva encarnada. Surge assim o robô emocional!

Estão sendo criados no Laboratório de Inteligência Artificial do Massachusetts Institute of Technology, dois robôs, Cog, que é análogo a uma criança e aprende a coordenar seus movimentos para explorar seu ambiente, e Kismet, construído para interagir com humanos através de postura corporal e expressões faciais. Interessante é que há, no projeto, um teólogo, cuja presença é justificada por várias questões: O que significa ser humano? As nossas reações são desenvolvidas de um modo mecânico, funcionalista? Ou há uma dimensão social associada às nossas reações? E inúmeras questões éticas.[6] Essas questões são básicas para os estudos sobre conhecimento e comportamento humanos, um dos principais objetivos da etnomatemática.

A nova percepção do que é cognição, que a nova área de pesquisa, que se denomina Inteligência Artificial, nos oferece, é intrigante e desafiador para a educação.

A ignorância dos novos enfoques à cognição tem um reflexo perverso nas práticas pedagógicas, que se recusam, possivelmente em razão dessa ignorância, a aceitar tecnologia. Ainda há uma enorme resistência de educadores, em particular educadores matemáticos, à tecnologia. O caso mais danoso é a resistência ao uso da calculadora.[7] Os computadores e a internet são, igualmente, ignorados nos currículos de matemática. Claramente, a introdução de calculadores e de computadores não é meramente uma questão de metodologia. Em função da tecnologia disponível, surgem novos objetivos para a educação matemática. Muitas vezes a resistência vem embebida de um discurso ideológico obsoleto, que dificulta a superação dos males do capitalismo perverso, identificados na iniquidade, arrogância e prepotência, tão comuns nas escolas atuais. E também novos conteúdos, importantes e atuais, que nunca poderiam ser abordados sem a informática.

Muitos estarão pensando que com isso me desvio da etnomatemática. Muito pelo contrário. Lembro os fractais, que tanto do ponto de vista pedagógico quanto do ponto de vista cultural são muito

---

[6] Claudia Dreifus: "*Do Androids Dream? M.I.T. Is Working on It (A Conversation with Anne Foerst)*", *The New York Times*, November 7, 2000.

[7] Anthony Ralston: "*Let's Abolish Pencil-and-Paper Arithmetic*", *Journal of Computers in Mathematics and Science Teaching*, v. 18, nº 2, 1999; p. 173-194.

atrativos para as crianças. É interessante o estudo que Ron Eglash faz da arquitetura, da urbanização, da tecelagem e mesmo de decoração corporal, como tatuagens e penteados, de culturas africanas. Nota-se, em todos esses casos, a presença de uma estrutura fractal, bem estudada por Eglash.[8]

Do individual ao coletivo

O presente, como interface entre passado e futuro, se manifesta na ação. O presente está assim identificado com comportamento, tem a mesma dinâmica do comportamento, isto é, se alimenta do passado, é resultado da história do indivíduo e da coletividade, de conhecimentos anteriores, individuais e coletivos, condicionados pela projeção no futuro. Tudo a partir de informação proporcionada pela realidade. Na realidade estão armazenados todos os fatos que informam o[s] indivíduo[s].

As informações são processadas pelo[s] indivíduo[s] e resultam em estratégias de ação. Como resultado das ações, novos fatos (artefatos e/ou mentefatos) são incorporados à realidade, obviamente modificando-a, armazenando-se na coleção de fatos que a constituem. A realidade está, portanto, em incessante modificação. O passado se projeta, assim, pela intermediação de indivíduos, no futuro. Mais uma vez a dicotomia passado e futuro se vê como artificialidade, pois o instante que vem do passado e se projeta no futuro adquire assim o que seria uma transdimensionalidade que poderíamos pensar como uma dobra (um *pli* no sentido das catástrofes de René Thom[9]). Esse repensar a dimensionalidade do instante dá à vida, incluindo os "instantes" do nascimento e da morte, um caráter de continuidade, de fusão, num instante, do passado e do futuro.

Reconhecemos, portanto, que não pode haver um presente congelado, como não há uma ação estática, como não há comportamento sem uma retroalimentação instantânea (avaliação) a partir

---

[8] Ron Eglash: *African Fractals. Modern Computing and Indigeneous Design*, Rutgers University Press, New Brunswick, 1999.

[9] Ubiratan D'Ambrosio: Teoria das catástrofes: Um estudo em sociologia da ciência, *THOT. Uma publicação transdisciplinar da Associação Palas Athena*, n° 67, 1997; p. 38-48.

dos seus efeitos. Assim, o comportamento é o elo entre a realidade, que informa, e a ação, que a modifica.

A ação gera conhecimento, que é a capacidade de explicar, de lidar, de manejar, de entender a realidade, o *matema*. Essa capacidade se transmite e se acumula horizontalmente, no convívio com outros, contemporâneos, através de comunicações, e, verticalmente, de cada indivíduo para si mesmo (memória) e de cada geração para as próximas gerações (memória histórica). Note que é através do que chamamos memória, que é uma forma de informação da mesma natureza que os mecanismos sensoriais, que a informação genética e que o inconsciente, que as experiências vividas por um indivíduo no passado se incorporam à realidade e informam esse indivíduo da mesma maneira que os demais fatos da realidade.

O indivíduo não é só. Há bilhões de outros indivíduos da mesma espécie com o mesmo ciclo vital "... REALIDADE informa o INDIVÍDUO que processa e executa uma AÇÃO que modifica a REALIDADE que informa o INDIVÍDUO..." e também bilhões de indivíduos de outras espécies com comportamento próprio, realizando um ciclo vital semelhante, todos contribuindo, incessantemente, uma parcela para modificar a realidade. O indivíduo está inserido numa realidade cósmica, como um elo entre toda uma história, desde o início dos tempos e das coisas, até o momento, o agora e aqui.[10] Todas as experiências do passado, reconhecidas e identificadas ou não, constituem a realidade na sua totalidade e determinam um aspecto do comportamento de cada indivíduo. Sua ação resulta do processamento de informações recuperadas. Essas incluem as experiências de cada indivíduo e as experiências na sua totalidade, incluindo aquelas da totalidade de indivíduos que viveram, a grande maioria dessas experiências irrecuperáveis. A recuperação dessas experiências (memória individual, memória cultural, memória genética) constitui um dos desafios da psicanálise, da história e de inúmeras outras ciências. Constitui inclusive o fundamento de certos modos de explicação (artes e religiões). Numa dualidade temporal, esses mesmos aspectos de comportamento se

---

[10] O princípio, o começo dos tempos, como comparece nos sistemas de explicações.

manifestam nas estratégias de ação que resultarão em novos fatos – artefatos e mentefatos – que se darão no futuro e que, uma vez gerados, se incorporarão à realidade.

As estratégias de ação são motivadas pela projeção do indivíduo no futuro (suas vontades, suas ambições, suas motivações, e tantos outros fatores), tanto no futuro imediato quanto no futuro longínquo. Esse é o sentido da transcendência a que me referi acima.

O processo de cada indivíduo gerar conhecimento como ação a partir de informações da realidade é também vivido por outro, no mesmo instante. A realidade é percebida diferentemente, isto é, as informações recebidas por cada indivíduo são diferentes. Obviamente, essas informações são processadas diferentemente e, como resultado, as ações são, em geral, diferentes. O comportamento e o conhecimento são, consequentemente, diferentes, muitas vezes conflitantes.

Os momentos vividos pelos dois indivíduos em presença são mutuamente enriquecidos graças à comunicação, que permite que ambos tenham informações enriquecidas pela informação que lhe é comunicada pelo outro.

A descoberta do outro e de outros, presencial ou historicamente, é essencial para o fenômeno vida. Embora os mecanismos de captar informação e de processar essa informação, definindo estratégias de ação, sejam absolutamente individuais, e se mantenham como tal, eles são enriquecidos pela exposição mútua e pela comunicação, que efetivamente é um pacto (contrato) entre indivíduos. O estabelecimento desse pacto é um fenômeno essencial para a continuidade da vida.

Particularmente na espécie humana, é a comunicação que permite definir estratégias para ação comum. Isso não pressupõe a eliminação da capacidade de ação própria de cada indivíduo, inerente à sua vontade (livre arbítrio), mas pode inibir certas ações, isto é, a ação comum que resulta da comunicação pode ser interpretada como uma in-ação resultante do pacto. Assim, através da comunicação podem se originar ações desejáveis a ambos e se inibir ações, isto é, geram-se in-ações, não desejáveis para uma ou para ambas as partes. Desse modo, se torna possível o que identificamos com o conviver.

Insisto no fato de que esses mecanismos de inibição não transformam os mecanismos, próprios a cada indivíduo, de captar e de processar informações. Cada indivíduo tem esses mecanismos e é isso que mantém a individualidade e a identidade de cada ser. Nenhum é igual a outro na sua capacidade de captar e processar informações em um mesmo instante, imerso numa mesma realidade.

Essas noções facilmente se generalizam para o grupo, para a comunidade e para um povo, através da comunicação social e de um pacto social, que, insisto, leva em conta a capacidade de cada indivíduo e não elimina a vontade própria de cada indivíduo, isto é, seu livre arbítrio. O conhecimento gerado pela interação comum, resultante da comunicação social, será um complexo de códigos e de símbolos que são organizados intelectual e socialmente, constituindo um conhecimento compartilhado pelo grupo.

Igualmente, o comportamento gerado pela interação comum, resultante da comunicação social, será subordinado a parâmetros que traduzem o pacto de concretizar ações desejáveis para todos e inibir ações não desejáveis para uma ou para ambas as partes. O conjunto desses parâmetros constitui o sistema de valores do grupo, que permitem um comportamento compatibilizado.

A associação, simbiótica, de conhecimentos compartilhados e de comportamentos compatibilizados constitui o que se chama cultura.

A cultura se manifesta no complexo de saberes/fazeres, na comunicação, nos valores acordados por um grupo, uma comunidade ou um povo. Cultura é o que vai permitir a vida em sociedade.

Quando sociedades e, portanto, sistemas culturais, se encontram e se expõem mutuamente, elas estão sujeitas a uma dinâmica de interação que produz um comportamento intercultural que se nota em grupos de indivíduos, em comunidades, em tribos e nas sociedades como um todo. Os resultados dessa dinâmica do encontro são as manifestações interculturais, que vêm se intensificando ao longo da história da humanidade.

Em alguns casos, no encontro se dá o predomínio de um sistema sobre outro, algumas vezes, a substituição de um sistema por outro e até mesmo a supressão e a eliminação total de algum sistema, mas na maioria dos casos o resultado é a geração de novos sistemas de explicações. Mesmo dominadas pelas tensões emocionais, as relações entre indivíduos de uma mesma cultura (intraculturais) e sobretudo as relações entre indivíduos de culturas distintas (interculturais) representam o potencial criativo da espécie. Assim como a biodiversidade representa o caminho para o surgimento de novas espécies, na diversidade cultural reside o potencial criativo da humanidade.

Etnomatemática

A exposição acima sintetiza a fundamentação teórica que serve de base a um programa de pesquisa sobre a geração, organização intelectual, organização social e difusão do conhecimento. Na linguagem disciplinar, poder-se-ia dizer que é um programa interdisciplinar abarcando o que constitui o domínio das chamadas ciências da cognição, da epistemologia, da história, da sociologia e da difusão, o que inclui educação.

Metodologicamente, esse programa reconhece que, na sua aventura enquanto espécie planetária, a espécie *homo sapiens sapiens*, bem como as demais espécies que a precederam, isto é, os vários hominídeos reconhecidos desde há 4.5 milhões de anos antes do presente, têm seu comportamento alimentado pela aquisição de conhecimento, de fazer(es) e de saber(es) que lhes permite sobreviver e transcender através de maneiras, de modos, de técnicas e artes de explicar, de conhecer, de entender, de lidar com, de conviver com a realidade natural e sociocultural na qual está inserida.

Naturalmente, em todas as culturas e em todos os tempos, o conhecimento, que é gerado pela necessidade de uma resposta a problemas e situações distintas, está subordinado a um contexto natural, social e cultural.

Indivíduos e povos têm, ao longo de suas existências e ao longo da história, criado e desenvolvido instrumentos de reflexão, de observação, instrumentos materiais e intelectuais [que chamo **ticas**] para explicar, entender, conhecer, aprender para saber e fazer [que chamo **matema**] como resposta a necessidades de sobrevivência e de transcendência em diferentes ambientes naturais, sociais e culturais [que chamo **etnos**]. Daí chamar o exposto acima de Programa Etnomatemática.

O nome sugere o corpus de conhecimento reconhecido academicamente como matemática. De fato, em todas as culturas encontramos manifestações relacionadas, e mesmo identificadas, com o que hoje se chama matemática (isto é, processos de organização, de classificação, de contagem, de medição, de inferência), geralmente mescladas ou dificilmente distinguíveis de outras formas, que são hoje identificadas como Arte, Religião, Música, Técnicas, Ciências. Em todos os tempos e em todas as culturas, Matemática, Artes, Religião, Música, Técnicas, Ciências foram desenvolvidas com a finalidade de explicar, de conhecer, de aprender, de saber/fazer e de predizer (artes divinatórias) o futuro. Todas aparecem mescladas e indistinguíveis como formas de conhecimento, num primeiro estágio da história da humanidade e na vida pessoal de cada um de nós.

Estamos vivendo um período em que os meios de captar informação e o processamento da informação de cada indivíduo encontram nas comunicações e na informática instrumentos auxiliares de alcance inimaginável em outros tempos. A interação entre indivíduos também encontra, na teleinformática, um grande potencial, ainda difícil de se aquilatar, de gerar ações comuns.

Na educação, estamos vendo um crescente reconhecimento da importância das relações interculturais. Mas, lamentavelmente, ainda há relutância no reconhecimento das relações intraculturais. Ainda se insiste em colocar crianças em séries de acordo com idade, em oferecer o mesmo currículo numa mesma série, chegando ao absurdo de se proporem currículos nacionais. E ainda maior é o absurdo de se avaliar grupos de indivíduos mediante testes padronizados. Trata-se efetivamente de uma tentativa de pasteurizar as novas gerações!

A pluralidade dos meios de comunicação de massa, facilitada pelos transportes, levou as relações interculturais a dimensões verdadeiramente planetárias.

Inicia-se assim uma nova era que abre enormes possibilidades de comportamento e de conhecimento planetários, com resultados sem precedentes para o entendimento e harmonia de toda a humanidade. Não para a homogeneização biológica ou cultural da espécie, mas, sim, para a convivência harmoniosa dos diferentes, através de uma ética de respeito mútuo, solidariedade e cooperação.

Sempre existiram maneiras diferentes de explicações, de entendimentos, de lidar e conviver com a realidade. Mas agora, graças aos novos meios de comunicação e de transporte, as diferenças serão notadas com maior evidência, criando necessidade de um comportamento que transcenda mesmo as novas formas culturais. Eventualmente o tão desejado livre arbítrio, próprio do ser [verbo] humano, poderá se manifestar num modelo de transculturalidade que permitirá a cada indivíduo atingir sua plenitude.

Um modelo adequado para se facilitar esse novo estágio na evolução da nossa espécie é chamado Educação Multicultural, que vem se impondo nos sistemas educacionais de todo o mundo.

Sabemos que no momento há mais de 200 estados e aproximadamente 6.000 nações indígenas no mundo, com uma população totalizando entre 10%-15% da população total do mundo. Embora não seja o meu objetivo discutir Educação Indígena, os aportes de especialistas na área têm sido muito importantes para se entender como a educação pode ser um instrumento para reforçar os mecanismos de exclusão social.

É importante lembrar que praticamente todos os países, inclusive o Brasil, subscreveram a Declaração de Nova Delhi (16 de dezembro de 1993), que é explícita ao reconhecer que

> a educação é o instrumento preeminente da promoção dos valores humanos universais, da qualidade dos recursos humanos e do respeito pela diversidade cultural (2.2)

e que

> os conteúdos e métodos de educação precisam ser desenvolvidos para servir às necessidades básicas de aprendizagem dos indivíduos e das sociedades, proporcionando-lhes o poder de enfrentar seus problemas mais urgentes – combate à pobreza, aumento da produtividade, melhora das condições de vida e proteção ao meio ambiente – e permitindo que assumam seu

> papel por direito na construção de sociedades democráticas e no enriquecimento de sua herança cultural (2.4).

Nada poderia ser mais claro nesta declaração que o reconhecimento da subordinação dos conteúdos programáticos à diversidade cultural. Igualmente, o reconhecimento de uma variedade de estilos de aprendizagem está implícito no apelo ao desenvolvimento de novas metodologias.

Essencialmente, essas considerações determinam uma enorme flexibilidade, tanto na seleção de conteúdos quanto na metodologia de ensino.

A abordagem a distintas formas de conhecer é a essência do Programa Etnomatemática. Na verdade, diferentemente do que sugere o nome, etnomatemática não é apenas o estudo de "matemáticas das diversas etnias". Repetindo o que já escrevi em muitos trabalhos, inclusive em outras partes deste livro, para compor a palavra etnomatemática utilizei as raízes tica, matema e etno para significar que há várias maneiras, técnicas, habilidades (ticas) de explicar, de entender, de lidar e de conviver com (matema) distintos contextos naturais e socioeconômicos da realidade (etnos). Quais as implicações desse programa para uma organização curricular?

Escola e currículo

Utilizo uma definição muito abrangente de currículo. Currículo é a estratégia da ação educativa. Ao longo da história, o currículo é organizado como reflexo das prioridades nacionais e do interesse dos grupos que estão no poder. Muito mais que a importância acadêmica das disciplinas, o currículo reflete o que a sociedade espera das respectivas disciplinas que o compõem. Vou focalizar a maneira como a matemática aparece nos sistemas educacionais e no currículo.

Os romanos nos legaram um modelo institucional que ainda prevalece na sociedade moderna, em particular na educação. No mundo romano, o currículo que correspondia ao que é hoje o Ensino

Fundamental era organizado como o *trivium*, compreendendo as disciplinas Gramática, Retórica e Dialética. O grande motivador desse currículo era a consolidação do Império Romano, dependente de um forte conceito de cidadania.

Na Idade Média, com a expansão do Cristianismo criaram-se outras necessidades educacionais. Isso se reflete na organização do que seria um Ensino Médio, de estudos mais avançados. A organização curricular era denominada *quadrivium*, compreendendo as disciplinas Aritmética, Música, Geometria, Astronomia. Assim como no *trivium*, essa organização curricular encontra sua razão de ser no momento sociocultural e econômico da época.

A ciência moderna, originada das culturas mediterrâneas, começou a se delinear ao mesmo tempo que as grandes navegações, a conquista e a colonização, e logo se impôs como o protótipo de conhecimento racional, e substrato da eficiente e fascinante tecnologia moderna. Definiram-se, a partir das nações centrais, conceituações estruturadas e dicotômicas de saber [conhecimento] e de fazer [habilidades].

Os grandes avanços nos estilos de explicação dos fatos naturais e na economia, que caracterizaram o pensamento europeu a partir do século XVI, criaram a demanda de novas metas para a educação.[11] A principal meta era criar uma escola acessível a todos e respondendo a uma nova ordem social e econômica. Como diz Comenius:

> Se, portanto, queremos Igrejas e Estados bem ordenados e florescentes e boas administrações, primeiro que tudo, ordenemos as escolas e façamo-las florescer, a fim de que sejam verdadeiras e vivas oficinas de homens e viveiros eclesiásticos, políticos e econômicos.[12]

[11] Ver o livro de Mario Alighiero e das coisas, é a questão maior na busca de explicações. Desde o Gênesis até a hipótese do big-bang, os mitos de criação constituem a base de todos os Manacorda: *História da Educação. Da Antiguidade aos nossos dias*, trad. Gaetano Lo Monaco, Cortez Editora, São Paulo, 1996.

[12] J. A. Comênio: *Didáctica Magna. Tratado da Arte Universal de Ensinar Tudo a Todos* [ed. orig. 1656], Introdução, Tradução e Notas de Joaquim Ferreira Gomes, Fundação Calouste Gulbenkian, 1966; p. 71.

Pode-se dizer que essa é a origem da Didática Moderna, refletindo as necessidades do colonialismo emergente.

As novas ideias na educação antecipavam as necessidades das três grandes revoluções do século XVIII: a Revolução Industrial, alterando profundamente o sistema de produção e de propriedade; a Revolução Americana, criando um novo modelo de escolha dos dirigentes de uma nação; e a Revolução Francesa, reconhecendo direitos alienáveis de todo ser humano.

As grandes transformações políticas e econômicas que resultaram das três revoluções causaram profundas mudanças nos sistemas educacionais. Como em outros tempos, os interesses dos impérios foram determinantes. Particularmente notáveis são as mudanças educacionais ocorridas na França de Napoleão e na Alemanha de Bismarck, particularmente no ensino superior.

Sem dúvida, o modelo que melhor respondia às necessidades das colônias que, no caminho aberto pela Revolução Americana, conquistaram sua independência, foi aquele adotado nos Estados Unidos da América. Nos primeiros anos de sua existência como nação independente, o objetivo era a ocupação territorial, isto é, a fixação de uma população de imigrantes europeus nos territórios indígenas conquistados pelas *Indian Wars* durante a grande expansão para o Oeste. Os imigrantes europeus deveriam fazer face a situações novas e ao mesmo tempo se integrar num território vastíssimo. Provenientes de origens as mais variadas, assumir uma nova identidade nacional e criar uma nova tradição era a prioridade. O modelo americano visava uma escola igual para todos e oferecia um currículo básico, que ficou conhecido como os "*three R's: Reading, wRiting and aRithmetics*", ou seja, ler, escrever e contar. A educação superior pública, os *land grant colleges,* visava a dar aos imigrantes os meios de desenvolver sistemas de produção autônomos.

Ler, escrever e contar prevaleceram nas antigas metrópoles coloniais e nos novos países independentes. Era adequada para o período de transição de uma produção manual para uma tecnologia incipiente, e para a formação das novas nacionalidades no século XIX. Com o surgimento de uma tecnologia mais avançada, que é a grande característica na transição do século XIX para o século XX, outro tipo de empregados, funcionários ou operários, se faz necessário. Ler, escrever e contar são obviamente insuficientes para o século entrante.

Iniciaram-se, então, as grandes reformas e novas propostas educacionais. Particularmente afetado foi o ensino de ciências e de matemática. Surgem os fundamentos de uma Escola Nova e a Educação Matemática emerge como uma disciplina.

A transição do século XX para o século XXI

Na sociedade moderna, dominada por tecnologia, profundamente afetada pela globalização, e na qual as prioridades maiores são a busca de paz nas suas múltiplas dimensões, alfabetização e contagem, embora necessárias, são insuficientes para o pleno exercício de cidadania.

Uma boa educação não será avaliada pelo conteúdo ensinado pelo professor e aprendido pelo aluno. O desgastado paradigma educacional sintetizado no binômio "ensino-aprendizagem", verificado por avaliações inidôneas, é insustentável.[13] Espera-se que a educação possibilite, ao educando, a aquisição e utilização dos instrumentos comunicativos, analíticos e materiais que serão essenciais para seu exercício de todos os direitos e deveres intrínsecos à cidadania.

Focalizando a organização de conhecimentos e comportamentos que serão necessários para a cidadania plena, propus, recentemente, um *trivium* para a era que se inicia, a partir dos conceitos de **literacia, materacia** e **tecnoracia**.[14] Acredito que a nova conceituação de currículo responderá às demandas do mundo moderno.

Minha proposta é uma resposta educacional às expectativas de se eliminar iniquidade e violações da dignidade humana, o primeiro passo para a justiça social. As palavras literacia, materacia e tecnoracia podem ser consideradas neologismos, embora algumas vezes tenham aparecido na literatura educacional.

---

[13] Para dirimir insinuações, lembro os significados de "idôneo": próprio para alguma coisa, apto, capaz, competente, adequado.

[14] Ubiratan D'Ambrosio: *Educação para uma Sociedade em Transição*, Papirus Editora, Campinas, 1999.

Proponho algumas definições que ampliam o modo como esses neologismos aparecem nas poucas vezes que são utilizados, tanto em português, como é o caso da literacia, quanto na língua inglesa, nos usos de *literacy* e de *matheracy*.[15] Tenho visto *technological literacy*, mas nunca vi *technoracy*.

Minha concepção é:

LITERACIA: a capacidade de processar informação escrita e falada, o que inclui leitura, escritura, cálculo, diálogo, ecálogo, mídia, internet na vida quotidiana [**Instrumentos Comunicativos**].

MATERACIA: a capacidade de interpretar e analisar sinais e códigos, de propor e utilizar modelos e simulações na vida cotidiana, de elaborar abstrações sobre representações do real [Instrumentos Analíticos].

TECNORACIA: a capacidade de usar e combinar instrumentos, simples ou complexos, inclusive o próprio corpo, avaliando suas possibilidades e suas limitações e a sua adequação a necessidades e situações diversas [Instrumentos Materiais].

Não se trata de introduzir novas disciplinas ou de rotular com outros nomes aquilo que existe. A proposta é organizar as estratégias de ensino, aquilo que chamamos currículo, nas vertentes que chamo literacia, materacia e tecnoracia. Essa é a resposta ao que hoje conhecemos sobre a mente e o comportamento humano. Como procurei mostrar neste capítulo, o Programa Etnomatemática reflete o que hoje sabemos sobre a mente e a sociedade humanas.

[15] Ao que me consta, *matheracy* só foi utilizado, anteriormente, pelo eminente educador japonês, Tadasu Kawaguchi.

Capítulo IV

Etnomatemática na civilização em mudança

O caráter holístico da educação

A Educação em geral depende de variáveis que se aglomeram em direções muito amplas:

a) o aluno que está no processo educativo como um indivíduo procurando realizar suas aspirações e responder às suas inquietudes;
b) sua inserção na sociedade e as expectativas da sociedade com relação a ele;
c) as estratégias dessa sociedade para realizar essas expectativas;
d) os agentes e os instrumentos para executar essas estratégias;
e) o conteúdo que é parte dessa estratégia.

De modo geral, a análise dessas variáveis tem sido do domínio de algumas especialidades acadêmicas: a) —> aprendizagem e cognição; b) —> objetivos e filosofia da educação; —> c) ensino e estrutura e funcionamento da escola; d) —> formação de professores e metodologia; e) —> conteúdo.

Lamentavelmente, na organização dos nossos cursos de formação de professores e, igualmente, na pós-graduação, tem havido ênfase reducionista em algumas dessas especialidades, com exclusão de outras. Cria-se assim a figura dos especialistas, com suas áreas de competência. Aos psicólogos compete se preocuparem com "a", aos filósofos com "b", aos pedagogos com "c" e "d" e aos matemáticos com "e". Como se fosse possível separar essas áreas!

Os capítulos anteriores encaminharam para uma abordagem holística da Educação Matemática. Falar em abordagem holística sempre causa algum arrepio no leitor ou no ouvinte. Assim como falar em transdisciplinaridade, em enfoque sistêmico, em globalização, em multiculturalismo, e em ETNOMATEMÁTICA.

A abordagem a distintas formas de conhecer é a essência do Programa Etnomatemática. Como deve ter ficado claro nos capítulos anteriores, etnomatemática não é apenas o estudo de "matemáticas das diversas etnias". Como já foi explicado, para compor a palavra etno matemá tica utilizei as raízes *tica*, *matema* e *etno* para significar que há várias maneiras, técnicas, habilidades (ticas) de explicar, de entender, de lidar e de conviver com (matema) distintos contextos naturais e socioeconômicos da realidade (etnos).

Em direção a uma civilização planetária

Estamos caminhando para uma civilização planetária, na qual o compartilhar conhecimentos e compatibilizar comportamentos não poderá ficar restrito às culturas específicas [intraculturalismo], nem às trocas próprias à dinâmica cultural [interculturalismo]. Conhecimento e comportamento na civilização planetária serão transculturais: conhecimento transdisciplinar e comportamento subordinado a uma ética maior.

O que seria essa ética maior? A humanidade passa, na fase atual de transição para uma civilização planetária, por uma crise ética. Não se trata simplesmente de uma crise de valores, sem dúvida muito preocupante e afetando nosso dia a dia.

Vida é a resultante de três fatos: indivíduo, outro, natureza. A continuidade da vida como fenômeno cósmico depende da resolução do triângulo

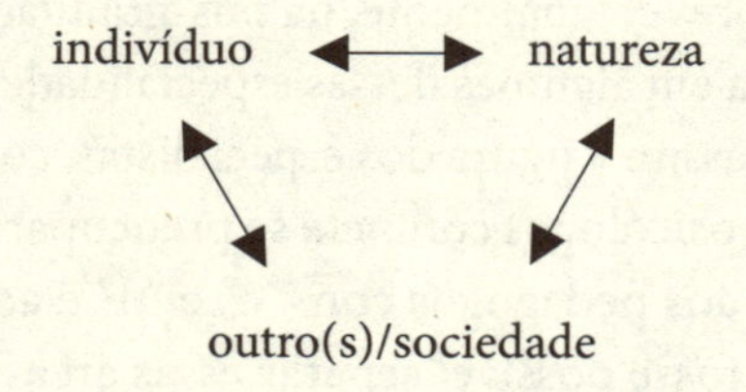

Os fatos, isto é, indivíduo, outro(s) e natureza, e as relações entre eles, são indissolúveis; um não é sem os demais. Como num triângulo, vértices e lados são integrados e indissolúveis. Não se resolve um vértice sem o outro; cada vértice ou cada lado não é o triângulo.

Os grandes problemas que a humanidade enfrenta estão situados nas relações [lados] entre indivíduo, outro(s)/sociedade e natureza [vértices]. O equilíbrio e a harmonização dessas relações constitui uma ética maior, que chamo **ética da diversidade**. Paz, nas suas múltiplas dimensões [militar, ambiental, social, interior] é a realização, no cotidiano, dessa ética.[1]

No desequilíbrio dessas relações se situa a grande crise por que passa a humanidade, e que se manifesta em arrogância, prepotência, iniquidade, indiferença, violência e um sem número de problemas que afetam nosso dia a dia.

A matemática, como uma forma de conhecimento, tem tudo a ver com ética e, consequentemente, com paz.[2] A busca de novas direções para o desenvolvimento da matemática deve ser incorporada ao fazer matemático. Devidamente revitalizada, a matemática, como é hoje praticada no ambiente acadêmico e organizações de pesquisa, continuará sendo o mais importante instrumento intelectual para explicar, entender e inovar, auxiliando principalmente na solução de problemas maiores que estão afetando a humanidade. Será necessário, sem dúvida, reabrir a questão dos fundamentos, evidentemente um ponto vulnerável da matemática atual.[3]

A educação matemática é profundamente afetada por prioridades desse período de transição para uma civilização planetária.

---

[1] Ubiratan D'Ambrosio: Ética Ecológica. Uma proposta transdisciplinar, *Ecologia Humana, Ética e Educação. A Mensagem de Pierre Danserau*, Paulo Freire Vieira e Maurício Andrés Ribeiro (orgs.), Editora Pallotti/APED, Porto Alegre/Florianópolis, 1999, p. 639-654.

[2] Ubiratan D'Ambrosio and Marianne Marmé: *"Mathematics, peace and ethics. An introduction"*, *Zentralblatt für Didaktik der Mathematik/ZDM*, Jahrgang 30, Juni 1998, Heft 3, p. 64-66.

[3] Muito instigante o livro de Björn Engquist e Wilfried Schmidt, editors: *Mathematics Unlimited – 2001 and Beyond*, Springer-Verlag, Berlin, 2001.

A busca de equidade na sociedade do futuro, onde a diversidade cultural será o normal, exige uma atitude sem arrogância e prepotência na educação, particularmente na educação matemática.[4] Quando falo em equidade, não estou me referindo ao Princípio de Equidade, defendido por um painel de educadores matemáticos e matemáticos: "Matemática pode e deve ser aprendida por todos os estudantes".[5] Esse princípio responde ao ideal de continuidade da sociedade atual, competitiva e excludente, utilizando instrumentos de seleção subordinados à matemática. Essa conceituação de equidade acarreta, necessariamente, a figura do excluído. O ideal que defendo é a não existência de excluídos. Talvez o mais apropriado seja uma educação matemática *fuzzy*, termo amplamente utilizado na chamada *math wars*, que vem sendo travada, universalmente, entre facções de educadores matemáticos e de matemáticos.

Analisando o estado da civilização atual, é inegável e inevitável a globalização. Sobretudo os meios de transporte e de comunicação e os sistemas de produção tornam irreversível o processo de globalização, prenúncio da civilização planetária. No entanto, estamos experienciando, na civilização dominada pelo mercado de capitais, uma forma de globalização perversa, que se manifesta na geopolítica, na economia, na produção e trabalho, nas crises ambientais e sociais. Vários setores da sociedade se articulam, internacionalmente, com objetivo maior de se chegar a uma globalização sadia, ancorada numa ética de respeito, solidariedade e cooperação, e logrando a paz nas suas várias dimensões [militar, ambiental, social, interior]. Uma das importantes organizações com foco nesse objetivo maior, o grupo ATTAC [*Association pour la Taxation des Transactions Financières pour l'Aide aux Citoyens*], reconhece que "A pesquisa de alternativas, felizmente já iniciadas, implica por sua vez, a dimensão local e o

[4] Ubiratan D'Ambrosio: "*Diversity, Equity, and Peace: From Dream to Reality*", no livro *Multicultural and Gender Equity in the Mathematics Classroom. The Gift of Diversity* 1997 Yearbook of the NCTM/National Council of Teachers of Mathematics, Janet Trentacosta and Margaret J. Kenney, eds., NCTM, Reston, 1997, p. 243-248.

[5] *Principles and Standards for School Mathematics*, National Council of Teachers of Mathematics, Reston, 2000, p. 12-14.

nível de organização política em escala mundial".[6] Esse é o ponto de partida para a civilização planetária.

A meta dos sistemas educacionais, coordenando ações em nível local, nacional e internacional, deve ser coerente com a busca de novas alternativas, não com a reprodução do modelo atual, ancorado na matemática. Como parece ser próprio da natureza humana, o novo modelo também se apoiará na matemática, mas uma nova matemática. O papel de uma nova matemática na busca dessa nova ordem econômica é inegável. Será possível pensar, inclusive, na emergência de uma "matemática mole", na expressão de Keith Devlin.[7] Ou numa "álgebra do conhecimento", onde a transferência de saber(es)/fazer(es) de um indivíduo para outro não obedece ao princípio da *al-jabr* [transposição] e *al-muqabala* [redução]. O Programa Etnomatemática, através de uma outra reflexão sobre a história, a filosofia e a educação, pode contribuir para uma reformulação da matemática.

A universalização da matemática

A disciplina denominada matemática é uma etnomatemática que se originou e se desenvolveu na Europa, tendo recebido algumas contribuições das civilizações indiana e islâmica, e que chegou à forma atual nos séculos XVI e XVII, sendo, a partir de então, levada e imposta a todo o mundo. Hoje, essa matemática adquire um caráter de universalidade, sobretudo devido ao predomínio da ciência e da tecnologia modernas, que foram desenvolvidas a partir do século XVII na Europa, e servem de respaldo para as teorias econômicas vigentes.

A universalização da matemática foi um primeiro passo em direção à globalização que estamos testemunhando em todas as atividades e áreas de conhecimento. Falava-se muito das multinacionais. Hoje as multinacionais são, na verdade, empresas

[6] Bernard Cassen, Liêm Hoang-Ngoc, Pierre-Andrè Imbert, coords.: *Contre la dictature dês marchés*, ATTAC/La Dispute/Syllepse/VO éditions, Paris, 1999, p. 40.

[7] Keith Devlin: *Goodbye, Descartes: The End of Logic and the Search for a New Cosmology of the Mind*. John Wiley & Sons, New York, 1997; p. 283.

globais, para as quais não é possível identificar uma nação ou grupo nacional dominante.

A ideia de globalização começou a se revelar no início do cristianismo e do islamismo. Diferentemente do judaísmo, do qual essas religiões se originaram, bem como de inúmeras outras crenças nas quais há um povo eleito, o cristianismo e o islamismo são essencialmente religiões de conversão de toda humanidade à mesma fé, de todo o planeta subordinado à mesma igreja. Isso fica evidente nos processos de expansão do Império Romano cristianizado e do Islão.

O processo de globalização da fé cristã se aproxima do seu ideal com as grandes navegações. O catecismo, elemento fundamental da conversão, é levado a todo o mundo. Assim como o cristianismo é um produto do Império Romano, levado a um caráter de universalidade com o colonialismo, também o são a matemática, a ciência e a tecnologia.

No processo de expansão, o cristianismo foi se modificando, absorvendo elementos da cultura subordinada e produzindo variantes notáveis do cristianismo original do colonizador. Esperar-se-ia que igualmente as formas de explicar, conhecer, lidar, conviver com a realidade sociocultural e natural, obviamente distintas de região para região, e consequentemente a matemática, as ciências e a tecnologia, também passassem por esse processo de "aclimatação", resultado da dinâmica cultural. No entanto, isso não se deu e não se dá e esses ramos do conhecimento adquiriram um caráter de absoluto universal. Não admitem variações ou qualquer tipo de relativismo. Isso se incorporou até no dito popular "tão certo quanto dois mais dois são quatro". Não se discute que "2+2=4", mas sim sua contextualização na forma de uma construção simbólica que é ancorada em toda uma história cultural. Também com a tecnologia, cujo caráter de resposta a condições locais é evidente, o que se deu foi uma transferência de tecnologia, com ligeiras adaptações.

A matemática tem sido conceituada como a ciência dos números e das formas, das relações e das medidas, das inferências, e as suas características apontam para precisão, rigor, exatidão. Os grandes heróis da matemática, isto é, aqueles indivíduos historicamente apontados como responsáveis pelo avanço e consolidação dessa ciência, são identificados na Antiguidade grega e posteriormente, na Idade Moderna, nos países centrais da Europa, sobretudo Inglaterra, França, Itália, Alemanha. Os nomes mais lembrados são Tales, Pitágoras, Euclides, Descartes, Galileu, Newton, Leibniz, Hilbert, Einstein, Hawkings. São ideias e homens originários do Norte do Mediterrâneo.

A menção dessa matemática e dos seus heróis em grupos culturais diversificados, tais como nativos ou afro-americanos ou outros não europeus nas Américas, grupos de trabalhadores oprimidos e classes marginalizadas, em geral, não só traz à lembrança o conquistador, o escravista, enfim, o dominador, mas também se refere a uma forma de conhecimento que foi construído por ele, dominador, e da qual ele se serviu e se serve para exercer seu domínio.

Muitos dirão que isso também se passa com calças "jeans", que agora começam a substituir todas as vestes tradicionais, ou com a "Coca-Cola", que está por deslocar o guaraná, ou com o *rap*, que está se popularizando tanto quanto o samba. Mas as vestes tradicionais, o guaraná e o samba continuam a ser aceitos por muitos.

Mas diferentemente dessas manifestações culturais, a matemática tem uma conotação de infalibilidade, de rigor, de precisão e de ser um instrumento essencial e poderoso no mundo moderno, o que torna sua presença excludente de outras formas de pensamento. Na verdade, ser racional é identificado com dominar a matemática. Chega-se mesmo a falar em matematismo, como a doutrina segundo a qual tudo acontece segundo as leis matemáticas. A matemática se apresenta como um deus mais sábio, mais milagroso e mais poderoso que as divindades tradicionais e de outras culturas.

Se isto pudesse ser identificado apenas como parte de um processo perverso de aculturação, através do qual se elimina a criatividade essencial ao ser [verbo] humano, poderíamos dizer que essa escolarização é uma farsa. Mas, na verdade, é muito pior, pois na farsa, uma vez terminado o espetáculo, tudo volta ao que era. Na educação, a realidade é substituída por uma situação falsa, idealizada e desenhada para satisfazer os objetivos do dominador. A experiência educacional falseia situações com o objetivo de subordinar. E nada volta ao real quando termina essa experiência. O aluno tem suas raízes culturais, que é parte de sua identidade, eliminadas no decorrer de uma experiência educacional conduzida com objetivo de subordinação. Essa eliminação produz o socialmente excluído. Essas contradições se notam nas propostas de "Educação para Todos", moto preferido de governos e de organizações não governamentais nacionais internacionais na transição milenar.

As contradições podem ser ilustradas nos vários setores da sociedade, desde as escolas para as classes mais abastadas até as escolas de periferia, sem esquecer também as escolas com objetivo de "recuperar" jovens infratores.

A ilustração mais abrangente e dramática dessas contradições talvez esteja na Educação Indígena. O índio passa pelo processo educacional e não é mais índio... nem tampouco branco. Sem dúvida a elevada ocorrência de suicídios entre as populações indígenas está associado a isso.

Uma pergunta natural depois dessas observações pode ocorrer: seria então melhor não ensinar matemática aos nativos e aos marginalizados?

Essa pergunta se aplica a todas as categorias de saber/fazer próprios da cultura do dominador, com relação a todos os povos que mostram uma identidade cultural. Poder-se-ia reformular a questão: seria melhor desestimular ou mesmo impedir que as classes populares vistam "jeans" ou tomem "coca-cola" ou pratiquem o *rap*? Naturalmente, essas são questões falsas e falso e demagógico seria responder com um simples "sim" ou com um "não". Essas questões só podem ser formuladas e respondidas dentro de um contexto histórico, procurando entender a evolução dos sistemas culturais na história da humanidade. Se quisermos atingir uma sociedade com equidade e justiça social, a contextualização é essencial para qualquer programa de educação de populações nativas e marginais, mas não menos necessária para as populações dos setores dominantes.

Matemática contextualizada

Contextualizar a matemática é essencial para todos. Afinal, como deixar de relacionar os *Elementos* de Euclides com o panorama cultural da Grécia Antiga? Ou a adoção da numeração indo-arábica na Europa com o florescimento do mercantilismo nos séculos XIV e XV? E não se pode entender Newton descontextualizado. Será possível repetir alguns teoremas, memorizar tabuadas e mecanizar a efetuação de operações, e mesmo efetuar algumas derivadas e integrais, que nada tem a ver com qualquer coisa nas cidades, nos campos ou nas florestas. Alguns dirão que a contextualização não é importante, que o importante é reconhecer a matemática como a manifestação mais nobre do pensamento e da inteligência humana...e assim justificam sua importância nos currículo.

Na sociedade moderna, inteligência e racionalidade privilegiam a matemática. Chega-se mesmo a dizer que esse construto do pensamento mediterrâneo, levado à sua forma mais pura, é a essência do ser racional. E assim se justifica que aqueles que conhecem matemática tenham tratado, e continuem tratando, indivíduos "menos racionais" e a própria natureza como celeiro inesgotável para a satisfação de seus desejos e ambições. A matemática tem sido um instrumento selecionador de elites.[8]

Naturalmente há um importante componente político nessas reflexões. Muitos dizem que falar em classes dominantes e subordinadas é jargão ultrapassado de esquerda, mas ninguém pode negar que essa distinção de classes continua a existir, tanto nos países centrais quanto nos periféricos.

---

[8] A função seletiva da matemática já se lê em *A República*, de Platão, e ela é retomada nos propósitos de fundação da *École Polytéchnique*, em 1800.

Cabe, portanto, nos referirmos a uma "matemática dominante", que é um instrumento desenvolvido nos países centrais e muitas vezes utilizado como instrumento de dominação. Essa matemática e os que a dominam se apresentam com postura de superioridade, com o poder de deslocar e mesmo eliminar a "matemática do dia a dia". O mesmo se dá com outras formas culturais. Particularmente interessantes são os estudos de Basil Bernstein sobre a linguagem.[9] São também muito estudadas situações ligadas ao comportamento, à medicina, à arte e à religião. Todas essas manifestações são referidas como cultura popular. Naturalmente, embora seja viva e praticada, a cultura popular é muitas vezes ignorada, menosprezada, rejeitada, reprimida. Certamente diminuída na sua importância. Isto tem como efeito desencorajar e mesmo eliminar o povo como produtor de cultural e, consequentemente, como entidade cultural.

Isso não é menos verdade com a matemática. Em particular na Geometria e na Aritmética, notam-se violentas contradições.

Por exemplo, a geometria do povo, dos balões e das pipas, é colorida. A geometria teórica, desde sua origem grega, eliminou a cor. Muitos leitores a essa altura estarão confusos. Estarão dizendo: mas o que isso tem a ver? Pipas e balões? Cores? Tem tudo a ver, pois são justamente essas as primeiras e mais notáveis experiências geométricas.[10] E a reaproximação de Arte e Geometria não pode ser alcançada sem a mediação da cor.

Na Aritmética, o atributo, isto é, a qualidade do número na quantificação, é essencial. Duas laranjas e dois cavalos são "dois" distintos. Chegar ao "dois" abstrato, sem qualificativo, assim como chegar à Geometria sem cores, talvez seja o ponto crucial na passagem de uma matemática do concreto para uma matemática teórica.

---

[9] O pensamento do eminente sociólogo da educação inglês, Basil Bernstein, está sintetizado no livro de Ana Maria Domingos, Helena Barradas, Helena Rainha e Isabel Pestana Neves: *A Teoria de Bernstein em Sociologia da Educação*, Fundação Calouste Gulbenkian, Lisboa, 1986.

[10] Ver a tese de doutoramento de Geraldo Pompeu Jr.: *Bringing Ethnomathematics into the School Curricula: An Investigation of Teachers Attitude and Pupils Learning*, Ph.D. Thesis, Department of Education, University of Cambridge, 1992.

O cuidado com essa passagem e trabalhar adequadamente esse momento talvez sintetizem o objetivo mais importante dos programas de Matemática Elementar. Os demais são técnicas que pouco a pouco, conforme o jovem vai tendo outras experiências, vão se tornando interessantes e necessárias. O cuidado com a passagem do concreto ao abstrato é uma das características metodológicas da etnomatemática.

Não se pode definir critérios de superioridade entre manifestações culturais. Devidamente contextualizada, nenhuma forma cultural pode-se dizer superior a outra. No seu importante livro sobre a matemática indígena, Mariana Kawall Leal Ferreira mostra como o sistema binário dos xavantes foi substituído, como num passe de mágica, por um sistema "mais eficiente", de base 10.[11] Mais eficiente porque? Como se relaciona com o contexto xavante? Não, mas porque se relaciona com a numeração do dominador. O que se passa com a língua nativa não é diferente.

Sem qualquer dúvida, há um critério utilitário na educação e nas relações interculturais. Sem aprender a "aritmética do branco", o índio será enganado nas suas transações comerciais com o branco.[12] Assim como, sem cobrir sua nudez e sem dominar a língua do branco, o índio dificilmente terá acesso à sociedade dominante. Mas isso se passa com todas as culturas. Eu devo dominar inglês para participar do mundo acadêmico internacional. E, ao participar de uma banca numa universidade tradicional, devo vestir uma beca! Mas jamais alguém disse ou mesmo insinuou que seria bom que eu esquecesse o português, e que eu deveria ter acanhamento e até vergonha de falar essa língua, ou que a roupa que eu uso no meu cotidiano, entre os meus pares, pode ser uma passagem para o círculo dos indecentes do inferno.

---

[11] Mariana Kawall Leal Ferreira: *Madikauku. Os Dez Dedos da Mão. Matemática e Povos Indígenas do Brasil*, MEC/SEF, Brasília, 1998.

[12] Veja o dramático caso na novela de Louis-Ferdinand Céline: *Viagem ao fim da noite*, trad. Rosa Freire D'Aguiar (orig. 1932), Companhia das Letras, São Paulo, 1994, cujo cenário é a África. Esse é um dos melhores exemplos de como a matemática é utilizada pelo colonizador para confundir e enganar a população nativa.

Mas se faz isso com povos, em especial com os indígenas. Sua nudez é indecência e pecado, sua língua é rotulada inútil, sua religião se torna "crendice", seus costumes são "selvagens", sua arte e seus rituais são "folclore", sua ciência e medicina são "superstições" e sua matemática é "imprecisa", "ineficiente" e "inútil", quando não "inexistente". Ora, isso se passa da mesmíssima maneira com as classes populares, mesmo não índios.

É exatamente isso que se dá com uma criança, com um adolescente e mesmo com um adulto, ao se aproximar de uma escola. Um escape para os índios tem sido a prática de suicídio. Em geral, no encontro com as classes dominantes, principalmente nas escolas, uma diferente forma de suicídio é praticada. Um suicídio que se manifesta num profundo vazio interior e na utilização de drogas e violência, revelando uma atitude de descrença e de alienamento, tão bem mostrada nos filmes recentes *Kids* e *Beleza americana*. O niilismo é uma das características marcantes da sociedade atual.

O encontro de culturas

O encontro de culturas é um fato tão presente nas relações humanas quanto o próprio fenômeno vida. Não há encontro com outro sem que se manifeste uma dinâmica cultural. No período colonial, essa dinâmica foi resolvida através de sistemas educacionais com objetivos explícitos de dominação e subordinação. O sistema de educação colonial é perverso.

Chegamos a uma estrutura de sociedade, a conceitos perversos de cultura, de nação e de soberania, que impõe a conveniência e mesmo a necessidade de ensinar a língua, a matemática, a medicina, as leis do dominador aos dominados, sejam esses índios ou brancos, pobres ou ricos, crianças ou adultos. O que se questiona é a agressão à dignidade e à identidade cultural daqueles subordinados a essa estrutura. Uma responsabilidade maior dos teóricos da educação é alertar para os danos irreversíveis que se podem causar a uma cultura, a um povo e a um indivíduo se o processo for conduzido levianamente, muitas vezes até com boa intenção, e fazer propostas para minimizar esses danos.

A quase totalidade dos educadores não tem a atitude perversa mencionada acima. Mas, lamentavelmente, muitos educadores são ingênuos no tratamento da dinâmica cultural. E as consequências da ingenuidade e da perversidade não são essencialmente diferentes.

Ainda me referindo à educação indígena, é possível evitar conflitos culturais que resultam da introdução da "matemática do branco" na educação indígena. Por exemplo, com um tratamento adequado da formulação e resolução de problemas aritméticos simples. Exemplos variados como transporte em barcos, manejo de contas bancárias e outros, mostram que os indígenas dominam o que é essencial para suas práticas e para as elaboradas argumentações com o branco sobre aquilo que os interessa, normalmente focalizado em transporte, comércio e uso da terra.

A matemática contextualizada se mostra como mais um recurso para solucionar problemas novos que, tendo se originado da outra cultura, chegam exigindo os instrumentos intelectuais dessa outra cultura. A etnomatemática do branco serve para esses problemas novos e não há como ignorá-la. A etnomatematica da comunidade serve, é eficiente e adequada para muitas outras coisas, próprias àquela cultura, àquele *etno*, e não há porque substituí-la.

Pretender que uma seja mais eficiente, mais rigorosa, enfim, melhor que a outra, é uma questão que, se removida do contexto, é falsa e falsificadora.

A intervenção do educador tem como objetivo maior aprimorar práticas e reflexões, e instrumentos de crítica. Esse aprimoramento se dá não como uma imposição, mas como uma opção. Como diz Eduardo Sebastiani Ferreira, "compete à comunidade decidir, ela pode aceitar ou não esses resultados."[13]

O domínio de duas etnomatemáticas e, possivelmente, de outras, oferece maiores possibilidades de explicações, de entendimentos, de manejo de situações novas, de resolução de problemas. Mas é exatamente assim que se faz boa pesquisa matemática – e, na

---

[13] Eduardo Sebastiani Ferreira: *Etnomatemática. Uma proposta metodológica.* Série Reflexão em Educação Matemática, v. 3, Universidade Santa Úrsula, Rio de Janeiro, 1997, p. 43.

verdade, pesquisa em qualquer outro campo do conhecimento. O acesso a um maior número de instrumentos materiais e intelectuais dão, quando devidamente contextualizados, maior capacidade de enfrentar situações e de resolver problemas novos, de modelar adequadamente uma situação real para, com esses instrumentos, chegar a uma possível solução ou curso de ação.

A capacidade de explicar, de apreender e compreender, de enfrentar, criticamente, situações novas, constituem a aprendizagem por excelência. Apreender não é a simples aquisição de técnicas e habilidades e nem a memorização de algumas explicações e teorias.

A educação formal, baseada na transmissão de explicações e teorias (ensino teórico e aulas expositivas) e no adestramento em técnicas e habilidades (ensino prático com exercícios repetitivos), é totalmente equivocada, como mostram os avanços mais recentes de nosso entendimento dos processos cognitivos. Não se pode avaliar habilidades cognitivas fora do contexto cultural. Obviamente, capacidade cognitiva é própria de cada indivíduo. Há estilos cognitivos que devem ser reconhecidos entre culturas distintas, no contexto intercultural, e também na mesma cultura, no contexto intracultural.

Cada indivíduo organiza seu processo intelectual ao longo de sua história de vida. Os avanços da metacognição permitem entender esse processo. Ora, ao tentar compatibilizar as organizações intelectuais de indivíduos para tentar, dessa forma, criar um esquema socialmente aceitável, não se deve estar eliminando a autenticidade e individualidade de cada um dos participantes desse processo. O grande desafio que se encontra na educação é, justamente, habilitar o educando a interpretar as capacidades e a própria ação cognitiva de cada indivíduo, não da forma linear, estável e contínua, como é característico das práticas educacionais mais correntes.

A fragilidade do estruturalismo pedagógico, ancorado no que chamamos de mitos da educação atual, é evidente quando notamos a queda vertiginosa dos resultados de educação ancorada nesses mitos, e isso em todo o mundo. A alternativa que propomos é reconhecer que o indivíduo é um todo integral e integrado e que suas práticas cognitivas e organizativas não são desvinculadas do contexto histórico no qual o processo se dá, contexto esse em permanente evolução. Isto é evidente na dinâmica que deve caracterizar uma boa educação para todos, educação de massa.

A adoção de uma nova postura educacional, na verdade a busca de um novo paradigma de educação que substitua o já desgastado ensino-aprendizagem, baseada numa relação obsoleta de causa-efeito, é essencial para o desenvolvimento de criatividade desinibida e conducente a novas formas de relações interculturais, proporcionando o espaço adequado para preservar a diversidade e eliminar a desigualdade numa nova organização da sociedade.

Como já mencionei acima, estamos vivendo numa civilização em mudança, que afetará todo nosso comportamento, valores e ações, em particular a educação.

Entendo matemática como uma estratégia desenvolvida pela espécie humana ao longo de sua história para explicar, para entender, para manejar e conviver com a realidade sensível, perceptível, e com o seu imaginário, naturalmente dentro de um contexto natural e cultural. Isso se dá da mesma maneira com as técnicas, as artes, as religiões e as ciências em geral. Trata-se da construção de corpos de conhecimento em total simbiose dentro de um mesmo contexto temporal e espacial, que obviamente tem variado de acordo com a geografia e a história dos indivíduos e dos vários grupos culturais a que eles pertencem – famílias, tribos, sociedades, civilizações. A finalidade maior desses corpos de conhecimento tem sido a vontade, que é efetivamente uma necessidade, desses grupos culturais de sobreviver no seu ambiente e de transcender, espacial e temporalmente, esse ambiente.

Educação é uma estratégia de estímulo ao desenvolvimento individual e coletivo gerada por esses mesmos grupos culturais, com a finalidade de se manterem como tal e de avançarem na satisfação dessas necessidades de sobrevivência e de transcendência.

Consequentemente, matemática e educação são estratégias contextualizadas e interdependentes. Neste livro refleti sobre a evolução de ambas e analisei as tendências como as vejo no estado atual da civilização. Não vejo prioridade maior para a civilização atual que atingir paz nas suas várias dimensões.

As várias dimensões da PAZ

No estado atual da civilização, é fundamental focalizar nossas ações, como indivíduos e como sociedade, na concretização de um ideal de Educação para a Paz e de uma humanidade feliz.

Quando falo em uma Educação para a Paz, muitos vêm com o questionamento: "Mas o que tem isso a ver com a Educação Matemática?". E eu respondo: "Tem tudo a ver".[14]

Eu poderia sintetizar meu posicionamento dizendo que só se justifica insistirmos em "Educação para Todos" se for possível conseguir, através dela, melhor qualidade de vida e maior dignidade da humanidade como um todo. A dignidade de cada indivíduo se manifesta no encontro de cada indivíduo com outros. Portanto, atingir o estado de Paz Interior é uma prioridade.[15] Muitos ainda estarão perguntando: "Mas o que tem isso a ver com Educação Matemática?" E eu insisto em dizer: "Tem tudo a ver".

Atingir o estado de paz interior é difícil, sobretudo devido a todos os problemas que enfrentamos no dia a dia, particularmente no relacionamento com o outro. Será que o outro também estará com dificuldades para atingir o estado de Paz Interior? Sem dúvida, o estado de paz interior pode ser afetado por dificuldades materiais, como falta de segurança, falta de emprego, falta de salário e, muitas vezes, até mesmo falta de casa e de comida. A Paz Social é o estado em que essas dificuldades não se apresentam. A solidariedade com o próximo, na superação dessas dificuldades, é uma primeira manifestação para nos sentirmos parte de uma sociedade e estarmos caminhando para a paz social. E com certeza vem novamente a pergunta "Mas o que tem a Matemática a ver com isso?". Não me cabe outra resposta àqueles matemáticos que não percebem como tudo isso se relaciona. Sugiro uma visão abrangente da história da humanidade e da história das ideias para perceber que matemática tem tudo a ver com isso.

---

[14] Ubiratan D'Ambrosio: "*Mathematics and peace: Our resposibilities*", *Zentralblatt für Didaktik der Mathematik/ZDM*, Jahrgang 30, Juni 1998, Heft 3, p. 67-73.

[15] Ubiratan D'Ambrosio: *A Era da Consciência*, Editora Fundação Peirópolis, São Paulo, 1997.

Também poucos entendem o que a Paz Ambiental tem a ver com a matemática, que é sempre pensada como aplicada ao desenvolvimento e ao progresso. Lembro que a ciência moderna, que repousa em grande parte na matemática, nos dá instrumentos notáveis para um bom relacionamento com a natureza, mas também poderosos instrumentos de destruição dessa mesma natureza.[16]

As dimensões múltiplas da Paz [Paz Interior, Paz Social, Paz Ambiental e Paz Militar] são os objetivos primeiros de qualquer sistema educacional. A maior justificativa dos esforços para o avanço científico e tecnológico é atingir a Paz Total e, como tal, deveria ser o substrato de todo discurso de planejamento.

Esse deve ser o sonho do ser humano. Lembro o que disseram dois eminentes matemáticos, Albert Einstein e Bertrand Russell, no Manifesto Pugwash de 1955: "Esqueçam-se de tudo e lembrem-se da humanidade". Procuro, nas minhas propostas de Educação Matemática, seguir os ensinamentos desses dois grandes mestres, dos quais aprendi muito de matemática, e sobretudo de humanidade.

Minha proposta é fazer uma Educação para a Paz e em particular uma Educação Matemática para a Paz.

Muitos continuarão intrigados: "Mas como relacionar trinômio de 2° grau com Paz?". É provável que esses mesmos indivíduos costumam ensinar trinômio de 2° grau dando como exemplo a trajetória de um projétil de canhão. Mas estou quase certo que não dizem, nem sequer sugerem, que aquele belíssimo instrumental matemático, que é o trinômio de 2° grau, é o que dá a certos indivíduos – artilheiros profissionais, que provavelmente foram os melhores alunos de matemática da sua turma – a capacidade de dispararem uma bomba mortífera de um canhão para atingir uma população de gente, de seres humanos, carne e osso, emoções e desejos, e matá-los, destruir suas casas e templos, destruir árvores e animais que estejam por perto, poluir qualquer lagoa ou rio que esteja nos arredores. A mensagem implícita acaba sendo: aprenda bem o trinômio do 2°grau e você será capaz de fazer isso. Somente

---

[16] Ubiratan D'Ambrosio: "*On Environmental mathematics education*", *Zentralblatt für Didaktik der Mathematik/ZDM* 94/6, p. 171-174.

quem faz um bom curso de matemática tem suficiente base teórica para apontar canhões sobre populações.

Claro, meus opositores dirão, como já disseram: "Mas isso é um discurso demagógico. Essa destruição horrível só se fará quando necessário, e é importante que nossos jovens estejam preparados para o necessário." E meus colegas conteudistas dizem, em última instância, o seguinte: "É necessário possuir e conhecer bem os instrumentos materiais e intelectuais do inimigo para poder derrotá-los". Esse pensar serviu de suporte para a doutrina de desencorajamento [armar-se até os dentes para desencorajar possíveis inimigos], responsável pela desenfreada expansão militarística na denominada Guerra Fria. Durante a Guerra Fria, milhões foram iludidos por essa doutrina simplista e falsa, com perdas materiais e morais para toda a humanidade.

É importante lembrar que os interessados nesse estado de coisas justificam dizendo ser isso necessário porque seremos alvo de indivíduos que não professam o nosso credo religioso, que não são do nosso partido político, que não seguem nosso modelo econômico de propriedade e produção, que não têm nossa cor de pele ou nossa língua, enfim, somos objeto da intenção destruidora do outro diferente. Isso porque se acredita que o diferente é, potencialmente, nosso inimigo, interessado na nossa eliminação. Tem sido e continua sendo esse o argumento favorito utilizado pelos que estão no poder para assim se manterem. Esse argumento permeia as propostas sociais e políticas.

Esse discurso derivou do meu exemplo sobre o trinômio de 2°grau. Destaquei uma consequência tão feia de uma coisa tão linda como o trinômio do 2°grau. Vale comentar essa contradição. Não se propõe eliminar o trinômio de 2°grau dos programas, mas, sim, que se utilize algum tempo para mostrar, criticamente, as coisas feias que se faz com ele e destacar as coisas lindas que se pode fazer com ele.

A Paz Total depende essencialmente de cada indivíduo se conhecer e se integrar na sua sociedade, na humanidade, na natureza e no cosmos. Ao longo da existência de cada um de nós pode-se apreender matemática, mas não se pode perder o conhecimento de si próprio e criar barreiras entre indivíduos e os outros, entre indivíduos e a sociedade, e gerar hábitos de desconfiança do outro, de descrença na sociedade, de desrespeito e de ignorância pela humanidade que é uma só, pela natureza que é comum a todos e pelo universo como um todo.

Como eu me vejo como um Educador Matemático? Vejo-me como um educador que tem matemática como sua área de habilidades e de competência e as utiliza, mas não como um matemático que utiliza sua condição de educador para a divulgação e transmissão de suas habilidades e competências matemáticas. Minha ciência e meu conhecimento estão subordinados ao meu humanismo. Como Educador Matemático, procuro utilizar aquilo que aprendi como matemático para realizar minha missão de educador. Em termos muito claros e diretos: o aluno é mais importante que programas e conteúdos. Divulgar essa mensagem é o meu propósito como formador de formadores.

O conhecimento é a estratégia mais importante para levar o indivíduo a estar em paz consigo mesmo e com o seu entorno social, cultural e natural e a se localizar numa realidade cósmica.

Há, efetivamente, uma moralidade intrínseca ao conhecimento e, em particular, ao conhecimento matemático. Por que insistirmos em Educação e Educação Matemática e no próprio fazer matemático, se não percebermos como nossa prática pode ajudar a atingir uma nova organização da sociedade, uma civilização planetária ancorada em respeito, solidariedade e cooperação?

Atingir essa nova organização da sociedade é minha utopia. Como educador, procuro orientar minhas ações nessa direção, embora utópica. Como ser educador sem ter uma utopia?

Apêndice

Relação de dissertações e teses recentes

Inúmeras dissertações e teses de mestrado e de doutorado têm sido defendidas no Brasil e no exterior com foco na etnomatemática. Algumas foram mencionadas nos capítulos anteriores.

O banco de dados organizado por Dario Fiorentini, no CEMPEM, da Faculdade de Educação da UNICAMP, é o que mais se aproxima de uma relação completa, no Brasil. O *Compendium – Newsletter of the ISGEm* tem notícias daquelas apresentadas em universidades do exterior. Dificilmente seria possível fazer uma relação completa das dissertações e teses, mesmo do Brasil.

Deve-se mencionar o esforço de Mônica Rabelo para elaborar essas informações. Com a colaboração de Maria do Carmo Domite, coordenadora do Grupo de Estudos e Pesquisa em Etnomatemática/GEPEm, da Faculdade de Educação da Universidade de São Paulo, e de Mary Lúcia Guimarães Pedro e de Andréia Lunkes Conrado, ambas integrantes do grupo, foi possível reunir resumos, em português e em inglês, das teses e dissertações defendidas em universidades brasileiras, e publicar essa coletânia em forma de livro, *Pesquisa em Etnomatemática*, em edição da Faculdade de Ciências e Tecnologia da Universidade Nova de Lisboa, 2002, e, também, disponibilizado no site http://www.fe.unb.br/etnomatematica/resumosdeteses.htm.

Estão descritas, indicando instituição, orientador(a), ano de defesa e resumo bilíngue, as seguintes teses e dissertações:

ACIOLY-REGNIER, Nadja Maria: *A lógica matemática do jogo do bicho: compreensão ou utilização de regras?*

BORBA, Marcelo de Carvalho: *Um estudo de etnomatemática: sua incorporação na elaboração de uma proposta pedagógica para o núcleo - escola da favela da Vila Nogueira - São Quirino.*

ABREU, Guida Maria Correia Pinto de: *O uso da matemática na agricultura: o caso dos produtores de cana-de-açúcar.*

GRANDO, Neiva Ignês: *A matemática na agricultura e na escola.*

BURIASCO, Regina Luzia Corio de: *Matemática de fora e de dentro da escola: do bloqueio à transição.*

SOUZA, Angela Calazans: *Educação matemática na alfabetização de adultos e adolescentes segundo a proposta pedagógica de Paulo Freire.*

NOBRE, Sérgio: *Aspectos Sociais e Culturais no Desenho Curricular da Matemática.*

CARVALHO, Nelson L. C.: *Etnomatemática: o conhecimento matemático que se constrói na resistência cultural.*

CALDEIRA, Ademir Donizeti: *Uma proposta pedagógica em etnomatemática na zona rural da Fazenda Angélica em Rio Claro - São Paulo.*

POMPEU, Geraldo: *Trazendo a Etnomatemática para o Currículo escolar: Uma investigação das atitudes dos professores e da aprendizagem dos alunos.*

FERREIRA, Mariana Kawall Leal: *Da Origem dos homens à conquista da escrita: um estudo sobre povos indígenas e educação escolar no Brasil.*

CLARETO, Sonia Maria: *A Criança e seus Mundos: Céu, Terra e Mar no olhar de crianças da comunidade caiçara de Camburi (SP).*

COSTA, Wanderleya Nara Gonçalves: *Os ceramistas do Vale do Jequitinhonha.*

NEELEMAN, Willem: *Ensino de Matemática em Moçambique e sua relação com a cultura "tradicional".*

ABREU, Guida Maria Correia Pinto de: *A relação entre a matemática de casa e da escola numa comunidade rural no Brasil.*

ACIOLY-REGNIER, Nadja Maria: *A justa medida: um estudo das competências matemáticas de trabalhadores da cana de açúcar do nordeste do Brasil no domínio da medida.*

KNIJNIK, Gelsa: *Matemática, Educação e Cultura na luta pela terra.*

MENDES, Jackeline Rodrigues: *Descompassos na interação Professor-Aluno na aula de matemática em contexto indígena.*

BELLO, Samuel Edmundo López: *Educação Matemática Indígena: um estudo etnomatemático com os índios Guarani-Kaiova do Mato Grosso do Sul.*

MARAFON, Adriana César de Mattos: *A influência da família na aprendizagem da Matemática.*

FREITAS, Franceli Fernandes de: *A formação de professoras da Ilha de Maré – Bahia.*

SCANDIUZZI, Pedro Paulo: *A dinâmica da contagem de Lahatua Otomo e suas implicações educacionais: uma pesquisa em etnomatemática.*

MONTEIRO, Alexandrina: *Etnomatemática: as possibilidades pedagógicas num curso de alfabetização para trabalhadores rurais assentados.*

OLIVEIRA, Cláudio José de: *Matemática escolar e práticas sociais no cotidiano da vila Fátima: um estudo etnomatemático.*

GRANDO, Neiva Ignês: *O campo conceitual de espaço na escola e em outros contextos culturais.*

AMANCIO, Chateaubriand Nunes: *Os Kanhgág da bacia do Tibagi: Um estudo etnomatemático em comunidades indígenas.*

ANASTÁCIO, Maria Queiroga Amoroso: *Três ensaios numa articulação sobre a racionalidade, o corpo e a educação na Matemática.*

OLIVEIRA, Helena Dória Lucas de: *Atividades Produtivas do Campo, Etnomatemática e a Educação do Movimento Sem Terra.*

SCANDIUZZI, Pedro Paulo: *Educação Indígena X Educação Escolar Indígena: uma relação etnocida em uma pesquisa etnomatemática.*

BELLO, Samuel Edmundo López: *Etnomatemática: relações e tensões entre as distintas formas de explicar e conhecer.*

HALMENSCHLAGER, Vera Lúcia da S.: *Etnia, raça e desigualdade educacional: Uma abordagem etnomatemática no ensino médio noturno.*

MARAFON, Adriana César de Mattos: *Vocação Matemática como Reconecimento Académico.*

OLIVEIRA, Cristiane Coppe de: *Do Menino "Julinho" à "Malba Tahan": Uma viagem pelo Oásis do Ensino da Matemática.*

WANDERER, Fernanda: *Educação de Jovens e Adultos e produtos da mídia: possibilidades de um processo pedagógico etnomatemático.*

GIONGO, Ieda Maria: *Educação e produção do calçado em tempos de globalização: um estudo etnomatemático.*

MENDES, Jackeline Rodrigues: *Ler, Escrever e Contar: Práticas de Numeramento-Letramento dos Kaiabi no Contexto de Formação de Professores Índios do Parque Indígena do Xingu.*

VIANNA, Márcio de Albuquerque: *A escola da Matemática e a escola do samba: um estudo etnomatemático pela valorização da cultura popular no ato cognitivo.*

SCHMITZ, Carmen Cecília: *Caracterizando a matemática escolar: um estudo na Escola Bom Fim.*

BANDEIRA, Francisco de Assis: *A cultura de hortaliças e a cultura matemática em Gramorezinho: uma fertilidade sociocultural.*

JUNIOR, Gilberto Chieus: *Matemática caiçara: Etnomatemática contribuindo na formação docente.*

LUCENA, Isabel Cristina Rodrigues de: *Carpinteiros Navais de Abaetetuba: etnomatemática navega rios da Amazônia.*

Referências*

ACIOLY, N. M. *A lógica do jogo do bicho: compreensão ou utilização de regras?* (Mestrado), Recife: Universidade Federal de Pernambuco, Programa de Psicologia Cognitiva, 1985.

AKIZUKI, Yasuo. "Proposal to I.C.M.I.", *L'Enseignement mathématique*, t.V, fasc. 4, 1960, p. 288-289.

ALBANESE, Denise. *New Sience, New World*, Duke University Press, Durham, 1996.

ALBERONI, Francesco. *Gênese. Como se criam os mitos, os valores e as instituições da civilização ocidental*, trad. Mario Fondelli, Rocco, Rio de Janeiro, 1991 (ed. orig. 1989).

ALMEIDA, Manoel de Campos. *Origens da Matemática*, Editora Universitária Champagnat, Curitiba, 1998.

AMÂNCIO, Chateaubriand Nunes. *Os Kanhgág da Bacia do Tibagi: Um estudo etnomatemático em comunidades Indígenas*, Dissertação de Mestrado, Instituto de Geociências e Ciências Exatas, UNESP, Rio Claro, 1999.

ASCHER, Márcia and ROBERT Ascher. *Code of the Quipus: a study in media, mathematics and culture*, The University of Michigan Press, Ann Arbor, 1981.

BELLO, Samuel López. *Etnomatemática: relações e tensões entre as distintas formas de explicar e conhecer*, Tese de Doutorado, Faculdade de Educação da UNICAMP, Campinas, 2000.

BONOTTO, Cinzia. "*Sull'uso di artefatti culturali nell'insegnamento-apprendimento della matematica/About the use of cultural artifacts in the teaching-learning of mathematics*", *L'Educazione Matematica*, Anno XX, Serie VI, 1(2), 1999, p. 62-95.

BORBA, Marcelo de Carvalho. *Um estudo de Etnomatemática: Sua incorporação na elaboração de uma proposta pedagógica para o Núcleo Escola da favela da Vila Nogueira/ São Quirino*, Dissertação de Mestrado, Instituto de Geociências e Ciências Exatas da UNESP, Rio Claro, 1987.

BORSATO, José Carlos. *Uma experiência de integração curricular: projeto áreas verdes*, Dissertação do Curso de Mestrado em Ensino de Ciências e Matemática,

* Constam apenas os livros e trabalhos que apareceram no texto e nas notas.

UNICAMP/OEA/MEC, 1984.

BURIASCO, Regina Luzia Corio de. *Matemática de fora e de dentro da escola: do bloqueio à transição*, Dissertação de Mestrado, Instituto de Geociências e Ciências Exatas da UNESP, Rio Claro, 1989.

BUTTERWORTH, Brian. *What Counts. How Every Brain Is Hardwired for Math*, The Free Press, New York, 1999.

CARRAHER, Terezinha, David Carraher, Analúcia Schliemann. *Na vida dez, na escola zero*, Cortez Editora, São Paulo, 1988.

CASCUDO, Luis da Câmara. *História da alimentação no Brasil*, Coleção Brasiliense, São Paulo, 1967.

CASSEN, Bernard, Liêm Hoang-Ngoc, Pierre-Andrè Imbert(coords.) *Contre la dictature dês marchés*, ATTAC/La Dispute/Syllepse/VO éditions, Paris, 1999.

CÉLINE, Louis-Ferdinand. *Viagem ao fim da noite*, trad. Rosa Freire D'Aguiar (orig. 1932), Companhia das Letras, São Paulo, 1994.

CHOURAQUI, André. *No Princípio (Gênesis)*, trad. Carlino Azevedo, Imago Editora, Rio de Janeiro, 1995.

CLOSS, Michael P. (ed.) *Native Americans Mathematics*, University of Texas Press, Austin, 1986.

COMÉNIO, J. A. *Didáctica Magna. Tratado da arte universal de ensinar tudo a todos* [orig. edn. 1656], Introdução, Tradução e Notas de Joaquim Ferreira Gomes, Fundação Calouste Gulbenkian, 1966.

COVELLO, Sergio Carlos. *Comenius. A construção da pedagogia*. Editora Comenius, São Paulo, 1999.

D'AMBROSIO, Beatriz Silva. Formação de Professores de Matemática para o Século XXI: o Grande Desafio, *Pro-Posições*, v. 4, nº. 1[10], março de 1993, p. 35-41.

D'AMBROSIO, Ubiratan (org.). *O Ensino de Ciências e Matemática na América Latina*, Editora da UNICAMP/Papirus Editora, Campinas, 1984, p. 202-203.

D'AMBROSIO, Ubiratan and Marianne Marmé. "*Mathematics, peace and ethics*". An introduction, *Zentralblatt für Didaktik der Mathematik/ZDM*, Jahrgang 30, Juni 1998, Heft 3.

D'AMBROSIO, Ubiratan. *A era da consciência*, Editora Fundação Peirópolis, São Paulo, 1997.

D'AMBROSIO, Ubiratan. "Teoria das catástrofes: Um estudo em sociologia da ciência", *THOT. Uma Publicação Transdisciplinar da Associação Palas Athena*, n. 67, 1997, p. 38-48.

D'AMBROSIO, Ubiratan. "*A Historiographical Proposal for Non-western Mathematics*", em Helaine Selin, ed.: *Mathematics Across Cultures. The History of Non-western Mathematics*, Kluwer Academic Publishers, Dordrecht, 2000, p. 79-92.

D'AMBROSIO, Ubiratan. "A matemática na época das grandes navegações e início da colonização", *Revista Brasileira de História da Matemática*, v. 1, n. 1, 2001.

D'AMBROSIO, Ubiratan. "*Diversity, Equity, and Peace: From Dream to Reality*", em

Multicultural and Gender Equity in the Mathematics Classroom. The Gift of Diversity 1997 Yearbook of the NCTM/National Council of Teachers of Mathematics, Janet Trentacosta and Margaret J. Kenney, eds., NCTM, Reston, 1997, p. 243-248.

D'AMBROSIO, Ubiratan. "*The cultural dynamics of the encounter of two worlds after 1492 as seen in the development of scientific thought*", *Impact of science on society*, n. 167, v. 42/3, 1992, p. 205-214.

D'AMBROSIO, Ubiratan. "Ética ecológica. Uma proposta transdisciplinar", em *Ecologia Humana, Ética e Educação. A Mensagem de Pierre Danserau*, Paulo Freire Vieira e Maurício Andrés Ribeiro (orgs.), Editora Pallotti/APED, Porto Alegre/ Florianópolis, 1999, p. 639-654.

D'AMBROSIO, Ubiratan. *Etnomatemática. Arte ou técnica de explicar e conhecer*, Editora Ática, São Paulo, 1990.

D'AMBROSIO, Ubiratan. "*Mathematics and peace: Our resposibilities*", *Zentralblatt für Didaktik der Mathematik/ZDM*, Jahrgang 30, Juni 1998, Heft 3, p. 67-73.

D'AMBROSIO, Ubiratan. "*On Environmental mathematics education*", *Zentralblatt für Didaktik der Mathematik/ZDM*, 94/6, p. 171-174.

D'AMBROSIO, Ubiratan. *Educação para uma sociedade em transição*, Papirus Editora, Campinas, 1999.

DEVLIN, Keith. *Goodbye, Descartes: The End of Logic and the Search for a New Cosmology of the Mind*. John Wiley & Sons, New York, 1997, p. 283.

DOMINGOS, Ana Maria, Helena Barradas, Helena Rainha e Isabel Pestana Neves. *A Teoria de Bernstein em Sociologia da Educação*, Fundação Calouste Gulbenkian, Lisboa, 1986.

DREIFUS, Claudia. "*Do Androids Dream? M.I.T. Is Working on It (A Conversation with Anne Foerst)*", *The New York Times*, November 7, 2000.

ENGQUIST, Björn e Wilfried Schmidt, editors. *Mathematics Unlimited - 2001 and Beyond*, Springer-Verlag, Berlin, 2001.

EGLASH, Ron. *African Fractals. Modern Computing and Indigeneous Design*, Rutgers University Press, New Brunswick, 1999.

EGLASH, Ron. Anthropological Perspectives on Ethnomathematics, em Selin, Helaine, ed.: *Mathematics Across Cultures. The History of Non-Western Mathematics*, Kluwer Academic Publishers, Dordrecht, 2000, p. 13-22.

ESTRELLA, Eduardo. *El Pan de América. Etnohistória de los Alimentos Aborígenes en el Ecuador*, Centro de Estúdios Históricos, Madrid, 1986.

FERREIRA, Eduardo Sebastiani. *Etnomatemática. Uma proposta metodológica*. Série Reflexão em Educação Matemática, v.3, Universidade Santa Úrsula, Rio de Janeiro, 1997.

FERREIRA, Mariana Kawall Leal. *Madikauku. Os Dez Dedos da Mão. Matemática e Povos Indígenas do Brasil*, MEC/SEF, Brasília, 1998.

FLANDRIN, Jean-Louis e Massimo Montanari (orgs.). *História da alimentação*, trad. Luciano Vieira Machado e Guilherme João de Freitas Teixeira, 2. ed., Estação Liberdade, São Paulo, 1998 (ed. orig. 1996).

FRANKENSTEIN, Marilyn. *Relearning Mathematics. A Different Third R – Radical Mathematics*, Free Association Books, London, 1989.

GERBI, Antonello. *O novo mundo. História de uma polêmica (1750-1900)*, trad. Bernardo Joffily (orig. 1996), Companhia das Letras, São Paulo, 1996.

GERDES, Paulus. *Sobre o despertar do Ppensamento geométrico*, Editora da UFPR, Curitiba, 1992.

GOPNIK, Alison, Andrew N. Meltzoff e Patrícia K. Kuhl. *The Scientist in the Crib. Minds, Brains, and How Children Learn*, William Morrow and Company, Inc., New York, 1999.

HERÔDOTOS. *História*, trad. Mário da Gama Kury, Editora Universidade de Brasília, Brasília, 1985, p. 121.

HUMBOLDT, Alexander von. *Cosmos. A Sketch of the Physical Description of the Universe*, 2 vols., tr. E.C. Otté (1858; orig.1845-1862), The Johns Hopkins University Press, Baltimore, 1997.

KNIJNIK, Gelsa. *Exclusão e resistência. Educação matemática e legitimidade cultural*, Artes Médicas, Porto Alegre, 1996.

LAKATOS, Imre and Paul Feyerabend. *For and Against Method: Including Lakato's Lectures on Scientific Method and the Lakatos-Feyerabend Correspondence*. Edited and with an introduction by Matteo Motterlini, The University of Chicago Press, Chicago, 1999.

MALBA Tahan. *O jogo do bicho à luz da matemática*, Grafipar Editora, Curitiba, s/d [após 1975].

MANACORDA, Mario Alighiero. *História da educação. Da antiguidade aos nossos dias*, trad. Gaetano Lo Monaco, Cortez Editora, São Paulo, 1996.

MARAFON, Adriana César de Mattos. *A influência da família na aprendizagem da matemática*, Dissertação de Mestrado, Instituto de Geociências e Ciências Exatas da UNESP, Rio Claro, 1996.

MARCALE, Jean. *La grande déesse: Mythes et sanctuaires*, Editions Albin Michel, Paris, 1997.

MATURANA ROMESIN, Humberto. "*The Effectiveness of Mathematical Formalisms*", *Cybernetics & Human Knowing*, v. 7, n. 2-3, 2000, p. 147-150.

MCNEILL, William H. "*Passing Strange: The Convergence of Evolutionary Science with Scientific History*", *History and Theory*, v. 40, n. 1, February 2001, p. 1-15.

MONTEIRO, Alexandrina. *Etnomatemática: as possibilidades pedagógicas num curso de alfabetização para trabalhadores rurais assentados*, Tese de Doutorado, Faculdade de Educação da UNICAMP, Campinas, 1998.

NEELEMAN, Wilhelm. *Ensino de Matemática em Moçambique e sua relação com a cultura tradicional*, Dissertação de Mestrado, Instituto de Geociências e Ciências Exatas da UNESP, 1993.

NOBRE, Sergio R. *Aspectos sociais e culturais no desenho curricular da matemática*, Dissertação de Mestrado, Instituto de Geociências e Ciências Exatas da UNESP, Rio Claro, 1989.

OLIVERAS, Maria Luisa. *Etnomatemáticas en Trabajos de Artesania Andaluza. Su Integración en un Modelo para la Formación de Profesores y en la Innovación del Currículo Matemático Escolar,* Tese de Doutorado, Universidad de Granada, Espanha, 1995.

OLIVERAS, Maria Luisa. *Etnomatemáticas. Formación de profesores e innovación curricular*, Editorial Comares, Granada, 1996.

PEKONEN, Osmo. *"Gerbert of Aurillac: Mathematician and Pope", The Mathematical Intelligencer*, v. 22, n. 4, 2000, p. 67-70.

POMPEU JR., Geraldo. *Bringing Ethnomathematics into the School Curricula: Na Investigation of Teachers Attitude and Pupils Learning,* Ph.D. Thesis, Department of Education, University of Cambridge, 1992.

POVINELLI, Daniel J. *Folk Physics for Apes. The 'Chimpanzee's Theory of How the World Works*, Oxford University Press, Oxford, 2000.

POWELL, Arthur B. and MARILYN Frankenstein. eds.: *Ethnomathematics. Challenging Eurocentrism in Mathematics Education*, SUNY Press, Albany, 1997.

Principles and Standards for School Mathematics, National Council of Teachers of Mathematics, Reston, 2000.

RABIELA, Teresa Rojas e William T. Sanders. *Historia de la agricultura. Época prehispanica – siglo XVI*, Instituto Nacional de Antropologia e Historia, México, 1985.

RALSTON, Anthony. *"Let's Abolish Pencil-and-Paper Arithmetic", Journal of Computers in Mathematics and Science Teaching*, v. 18, n. 2, 1999, p. 173-194.

RICHARDS, E. G. *Mapping Time. The Calendar and Its History*, Oxford University Press, Oxford, 1998.

SACKS, Oliver. *Um antropólogo em Marte. Sete histórias paradoxais*, trad. Bernardo Carvalho, Companhia das Letras, São Paulo, 1995.

SALVADOR, Frei Vicente do. *História do Brasil 1500-1627*, Revista por Capistrano de Abreu, Rodolfo Garcia e Frei Venâncio Willeke, OFM, Edições Melhoramentos, São Paulo, 1965.

SELIN, Helaine. ed.. *Mathematics Across Cultures. The History of Non-Western Mathematics*, Kluwer Academic Publishers, Dordrecht, 2000.

SHOCKEY, Tod L. *The Mathematical Behavior of a Group of Thoracic Cardiovascular Surgeons*, Ph.D. Dissertation, Curry School of Education, University of Virginia, Charlottsville, USA, 1999.

SPENGLER, Oswald. *A decadência do ocidente. Esboço de uma morfologia da História Universal*, edição condensada por Helmut Werner, trad. Herbert Caro (orig. 1959), Zahar Editores, Rio de Janeiro, 1973.

STEVENS, Anthony C., Janet M. Sharp, and Becky Nelson. *"The Intersection of Two Unlikely Worlds: Ratios and Drums", Teaching Children Mathematics* (NCTM), v. 7, n. 6, February 2001, p. 376-383.

VERGANI, Teresa. Teresa Vergani. *Educação Etnomatemática: O que é?*, Pandora Edições, Lisboa, 2000.

VILLA, Maria do Carmo. *Conceptions manifestées par les élèves dans une épreuve de simulation d'une situation aléatoire réalisée au moyen d'um matériel concret*, Tèse de Doctorat, Faculte des Sciences de l'Université Laval, Québec, Canada, 1993.

WENG, Juyang, James McClelland, Alex Pentland, Olaf Sporns, Ida Stockman, Mriganka Sur, Esther Thelen. "*Autonomous Mental Development by Robots and Machines*", *Science*, v. 291, 26 January 2001, p. 599-600.

ZASLAVSKY, Claudia. *Africa Counts. Number and Pattern in African Cultures*, Third Edition, Lawrence Hill Books, Chicago, 1999.

Filmes/Vídeos

A Guerra do Fogo [*La Guerre du feu*] dir. Jean-Jacques Annaud, 1982.

Atlântico Negro – Na Rota dos Orixás, dir. Renato Barbieri, Itaú Cultural e Videografia, 1998.

Beleza Americana [*American Beauty*], dir. Sam Mendes, 1999.

Gunga Din, dir. George Stevens, 1939.

Kids, dir. Cary Woods, 1995.

Matrix [*The Matrix*], dir. Andy and Larry Wachovsky, 1999.

O Caçador de Andóides [*Blade Runner*], dir. Ridley Scott.1991 [orig. 1982]

O Homem que Virou Suco, dir. João Batista de Andrade, 1981.

Sites

http://sites.uol.com.br/vello/ubi.htm

http://www.rpi.edu/~eglash/isgem.htm

http://chronicle.com/colloquy/2000/ethnomath/ethnomath.htm

http://www.fe.unb.br/etnomatematica

Outros títulos da coleção

Tendências em Educação Matemática

A matemática nos anos iniciais do ensino fundamental – Tecendo fios do ensinar e do aprender

Autoras: *Adair Mendes Nacarato, Brenda Leme da Silva Mengali, Cármen Lúcia Brancaglion Passos*

Neste livro, as autoras discutem o ensino de Matemática nas séries iniciais do ensino fundamental num movimento entre o aprender e o ensinar. Consideram que essa discussão não pode ser dissociada de uma mais ampla, que diz respeito à formação das professoras polivalentes – aquelas que têm uma formação mais generalista em cursos de nível médio (Habilitação ao Magistério) ou em cursos superiores (Normal Superior e Pedagogia). Nesse sentido, elas analisam como têm sido as reformas curriculares desses cursos e apresentam perspectivas para formadores e pesquisadores no campo da formação docente. O foco central da obra está nas situações matemáticas desenvolvidas em salas de aula dos anos iniciais. A partir dessas situações, as autoras discutem suas concepções sobre o ensino de Matemática a alunos dessa escolaridade, o ambiente de aprendizagem a ser criado em sala de aula, as interações que ocorrem nesse ambiente e a relação dialógica entre alunos-alunos e professora-alunos que possibilita a produção e a negociação de significado.

Afeto em competições matemáticas inclusivas – A relação dos jovens e suas famílias com a resolução de problemas

Autoras: *Nélia Amado, Susana Carreira, Rosa Tomás Ferreira*

As dimensões afetivas constituem variáveis cada vez mais decisivas para alterar e tentar abolir a imagem fria, pouco entusiasmante e mesmo intimidante da Matemática aos olhos de muitos jovens e adultos. Sabe-se atualmente, de forma cabal, que os afetos (emoções, sentimentos, atitudes, percepções...) desempenham um papel central na aprendizagem da Matemática, designadamente na atividade de resolução de problemas. Na sequência do seu envolvimento em competições matemáticas inclusivas baseadas na internet, Nélia Amado, Susana Carreira e Rosa Tomás Ferreira debruçam-se sobre inúmeros dados e testemunhos que foram reunindo, através de questionários, entrevistas e conversas informais com alunos e pais, para caracterizar as dimensões afetivas presentes na participação de jovens alunos (dos 10 aos 14 anos) nos campeonatos de resolução de problemas SUB12 e SUB14. Neste livro, o leitor é convidado a percorrer várias das dimensões afetivas envolvidas na resolução de problemas desafiantes. A compreensão dessas dimensões ajudará a melhorar a relação das crianças e dos adultos com a Matemática e a formular uma imagem da Matemática mais humanizada, desafiante e emotiva.

Álgebra para a formação do professor – Explorando os conceitos de equação e de função
Autores: *Alessandro Jacques Ribeiro, Helena Noronha Cury*

Neste livro, Alessandro Jacques Ribeiro e Helena Noronha Cury apresentam uma visão geral sobre os conceitos de equação e de função, explorando o tópico com vistas à formação do professor de Matemática. Os autores trazem aspectos históricos da constituição desses conceitos ao longo da História da Matemática e discutem os diferentes significados que até hoje perpassam as produções sobre esses tópicos. Com vistas à formação inicial ou continuada de professores de Matemática, Alessandro e Helena enfocam, ainda, alguns documentos oficiais que abordam o ensino de equações e de funções, bem como exemplos de problemas encontrados em livros didáticos. Também apresentam sugestões de atividades para a sala de aula de Matemática, abordando os conceitos de equação e de função, com o propósito de oferecer aos colegas, professores de Matemática de qualquer nível de ensino, possibilidades de refletir sobre os pressupostos teóricos que embasam o texto e produzir novas ações que contribuam para uma melhor compreensão desses conceitos, fundamentais para toda a aprendizagem matemática.

Análise de erros – O que podemos aprender com as respostas dos alunos
Autora: *Helena Noronha Cury*

Neste livro, Helena Noronha Cury apresenta uma visão geral sobre a análise de erros, fazendo um retrospecto das primeiras pesquisas na área e indicando teóricos que subsidiam investigações sobre erros. A autora defende a ideia de que a análise de erros é uma abordagem de pesquisa e também uma metodologia de ensino, se for empregada em sala de aula com o objetivo de levar os alunos a questionarem suas próprias soluções. O levantamento de trabalhos sobre erros desenvolvidos no país e no exterior, apresentado na obra, poderá ser usado pelos leitores segundo seus interesses de pesquisa ou ensino. A autora apresenta sugestões de uso dos erros em sala de aula, discutindo exemplos já trabalhados por outros investigadores. Nas conclusões, a pesquisadora sugere que discussões sobre os erros dos alunos venham a ser contempladas em disciplinas de cursos de formação de professores, já que podem gerar reflexões sobre o próprio processo de aprendizagem.

Aprendizagem em Geometria na educação básica – A fotografia e a escrita na sala de aula

Autores: *Cleane Aparecida dos Santos, Adair Mendes Nacarato*

Muitas pesquisas têm sido produzidas no campo da Educação Matemática sobre o ensino de Geometria. No entanto, o professor, quando deseja implementar atividades diferenciadas com seus alunos, depara-se com a escassez de materiais publicados. As autoras, diante dessa constatação, constroem, desenvolvem e analisam uma proposta alternativa para explorar os conceitos geométricos, aliando o uso de imagens fotográficas às produções escritas dos alunos. As autoras almejam que o compartilhamento da experiência vivida possa contribuir tanto para o campo da pesquisa quanto para as práticas pedagógicas dos professores que ensinam Matemática nos anos iniciais do ensino fundamental.

Brincar e jogar – enlaces teóricos e metodológicos no campo da Educação Matemática

Autor: *Cristiano Alberto Muniz*

Neste livro, o autor apresenta a complexa relação jogo/ brincadeira e a aprendizagem matemática. Além de discutir as diferentes perspectivas da relação jogo e Educação Matemática, ele favorece uma reflexão do quanto o conceito de Matemática implica a produção da concepção de jogos para a aprendizagem, assim como o delineamento conceitual do jogo nos propicia visualizar novas possibilidades de utilização dos jogos na Educação Matemática. Entrelaçando diferentes perspectivas teóricas e metodológicas sobre o jogo, ele apresenta análises sobre produções matemáticas realizadas por crianças em processo de escolarização em jogos ditos espontâneos, fazendo um contraponto às expectativas do educador em relação às suas potencialidades para a aprendizagem matemática. Ao trazer reflexões teóricas sobre o jogo na Educação Matemática e revelar o jogo efetivo das crianças em processo de produção matemática, a obra tanto apresenta subsídios para o desenvolvimento da investigação científica quanto para a práxis pedagógica por meio do jogo na sala de aula de Matemática.

Da etnomatemática a arte-design e matrizes cíclicas

Autor: *Paulus Gerdes*

Neste livro, o leitor encontra uma cuidadosa discussão e diversos exemplos de como a Matemática se relaciona com outras atividades humanas. Para o leitor que ainda não conhece o trabalho de Paulus Gerdes, esta publicação sintetiza uma parte considerável da obra desenvolvida pelo autor ao longo dos últimos 30 anos. E para quem já conhece as pesquisas de Paulus, aqui são abordados novos tópicos, em especial as matrizes cíclicas, ideia que supera não só a noção de que a Matemática é independente de contexto e deve ser pensada como o símbolo da pureza, mas também quebra, dentro da própria Matemática, barreiras entre áreas que muitas vezes são vistas de modo estanque em disciplinas da graduação em Matemática ou do ensino médio.

Descobrindo a Geometria Fractal – Para a sala de aula
Autor: *Ruy Madsen Barbosa*

Neste livro, Ruy Madsen Barbosa apresenta um estudo dos belos fractais voltado para seu uso em sala de aula, buscando a sua introdução na Educação Matemática brasileira, fazendo bastante apelo ao visual artístico, sem prejuízo da precisão e rigor matemático. Para alcançar esse objetivo, o autor incluiu capítulos específicos, como os de criação e de exploração de fractais, de manipulação de material concreto, de relacionamento com o triângulo de Pascal, e particularmente um com recursos computacionais com *softwares* educacionais em uso no Brasil. A inserção de dados e comentários históricos tornam o texto de interessante leitura. Anexo ao livro é fornecido o CD-Nfract, de Francesco Artur Perrotti, para construção dos lindos fractais de Mandelbrot e Julia.

Diálogo e aprendizagem em Educação Matemática
Autores: *Helle AlrØ e Ole Skovsmose*

Neste livro, os educadores matemáticos dinamarqueses Helle Alrø e Ole Skovsmose relacionam a qualidade do diálogo em sala de aula com a aprendizagem. Apoiados em ideias de Paulo Freire, Carl Rogers e da Educação Matemática Crítica, esses autores trazem exemplos da sala de aula para substanciar os modelos que propõem acerca das diferentes formas de comunicação na sala de aula. Este livro é mais um passo em direção à internacionalização desta coleção. Este é o terceiro título da coleção no qual autores de destaque do exterior juntam-se aos autores nacionais para debaterem as diversas tendências em Educação Matemática. Skovsmose participa ativamente da comunidade brasileira, ministrando disciplinas, participando de conferências e interagindo com estudantes e docentes do Programa de Pós-Graduação em Educação Matemática da Unesp, em Rio Claro.

Didática da Matemática – Uma análise da influência francesa
Autor: *Luiz Carlos Pais*

Neste livro, Luiz Carlos Pais apresenta aos leitores conceitos fundamentais de uma tendência que ficou conhecida como "Didática Francesa". Educadores matemáticos franceses, na sua maioria, desenvolveram um modo próprio de ver a educação centrada na questão do ensino da Matemática. Vários educadores matemáticos do Brasil adotaram alguma versão dessa tendência ao trabalharem com concepções dos alunos, com formação de professores, entre outros temas. O autor é um dos maiores especialistas no país nessa tendência, e o leitor verá isso ao se familiarizar com conceitos como transposição didática, contrato didático, obstáculos epistemológicos e engenharia didática, dentre outros.

Educação a Distância *online*
Autores: *Marcelo de Carvalho Borba, Ana Paula dos Santos Malheiros, Rúbia Barcelos Amaral*

Neste livro, os autores apresentam resultados de mais de oito anos de experiência e pesquisas em Educação a Distância *online* (EaDonline), com exemplos de cursos ministrados para professores de Matemática. Além de cursos, outras práticas pedagógicas, como comunidades virtuais de aprendizagem e o desenvolvimento de projetos de modelagem realizados a distância, são descritas. Ainda que os três autores deste livro sejam da área de Educação Matemática, algumas das discussões nele apresentadas, como formação de professores, o papel docente em EaDonline, além de questões de metodologia de pesquisa qualitativa, podem ser adaptadas a outras áreas do conhecimento. Neste sentido, esta obra se dirige àquele que ainda não está familiarizado com a EaDonline e também àquele que busca refletir de forma mais intensa sobre sua prática nesta modalidade educacional. Cabe destacar que os três autores têm ministrado aulas em ambientes virtuais de aprendizagem.

Educação Estatística - Teoria e prática em ambientes de modelagem matemática
Autores: *Celso Ribeiro Campos, Maria Lúcia Lorenzetti Wodewotzki, Otávio Roberto Jacobini*

Este livro traz ao leitor um estudo minucioso sobre a Educação Estatística e oferece elementos fundamentais para o ensino e a aprendizagem em sala de aula dessa disciplina, que vem se difundindo e já integra a grade curricular dos ensinos fundamental e médio. Os autores apresentam aqui o que apontam as pesquisas desse campo, além de fomentarem discussões acerca das teorias e práticas em interface com a modelagem matemática e a educação crítica.

Educação Matemática de Jovens e Adultos – Especificidades, desafios e contribuições
Autora: *Maria da Conceição F. R. Fonseca*

Neste livro, Maria da Conceição F. R. Fonseca apresenta ao leitor uma visão do que é a Educação de Adultos e de que forma essa se entrelaça com a Educação Matemática. A autora traz para o leitor reflexões atuais feitas por ela e por outros educadores que são referência na área de Educação de Jovens e Adultos no país. Este quinto volume da coleção "Tendências em Educação Matemática" certamente irá impulsionar a pesquisa e a reflexão sobre o tema, fundamental para a compreensão da questão do ponto de vista social e político.

Etnomatemática em movimento
Autoras: *Gelsa Knijnik, Fernanda Wanderer, Ieda Maria Giongo, Claudia Glavam Duarte*

Integrante da coleção "Tendências em Educação Matemática", este livro traz ao público um minucioso estudo sobre os rumos da Etnomatemática, cuja referência principal é o brasileiro Ubiratan D'Ambrosio. As ideias aqui discutidas tomam como base o desenvolvimento dos estudos etnomatemáticos e a forma como o movimento de continuidades e deslocamentos tem marcado esses trabalhos, centralmente ocupados em questionar a política do conhecimento dominante. As autoras refletem aqui sobre as discussões atuais em torno das pesquisas etnomatemáticas e o percurso tomado sobre essa vertente da Educação Matemática, desde seu surgimento, nos anos 1970, até os dias atuais.

Fases das tecnologias digitais em Educação Matemática – Sala de aula e internet em movimento
Autores: *Marcelo de Carvalho Borba, Ricardo Scucuglia Rodrigues da Silva, George Gadanidis*

Com base em suas experiências enquanto docentes e pesquisadores, associadas a uma análise acerca das principais pesquisas desenvolvidas no Brasil sobre o uso de tecnologias digitais no ensino e aprendizagem de Matemática, os autores apresentam uma perspectiva fundamentada em quatro fases. Inicialmente, os leitores encontram uma descrição sobre cada uma dessas fases, o que inclui a apresentação de visões teóricas e exemplos de atividades matemáticas características em cada momento. Baseados na "perspectiva das quatro fases", os autores discutem questões sobre o atual momento (quarta fase). Especificamente, eles exploram o uso do *software* GeoGebra no estudo do conceito de derivada, a utilização da internet em sala de aula e a noção denominada performance matemática digital, que envolve as artes.

Este livro, além de sintetizar de forma retrospectiva e original uma visão sobre o uso de tecnologias em Educação Matemática, resgata e compila de maneira exemplificada questões teóricas e propostas de atividades, apontando assim inquietações importantes sobre o presente e o futuro da sala de aula de Matemática. Portanto, esta obra traz assuntos potencialmente interessantes para professores e pesquisadores que atuam na Educação Matemática.

Filosofia da Educação Matemática
Autores: *Maria Aparecida Viggiani Bicudo, Antonio Vicente Marafioti Garnica*

Neste livro, Maria Bicudo e Antonio Vicente Garnica apresentam ao leitor suas ideias sobre Filosofia da Educação Matemática. Eles propiciam ao leitor a oportunidade de refletir sobre questões relativas à

Filosofia da Matemática, à Filosofia da Educação e mostram as novas perguntas que definem essa tendência em Educação Matemática. Neste livro, em vez de ver a Educação Matemática sob a ótica da Psicologia ou da própria Matemática, os autores a veem sob a ótica da Filosofia da Educação Matemática.

Formação matemática do professor – Licenciatura e prática docente escolar
Autores: *Plinio Cavalcante Moreira e Maria Manuela M. S. David*

Neste livro, os autores levantam questões fundamentais para a formação do professor de Matemática. Que Matemática deve o professor de Matemática estudar? A acadêmica ou aquela que é ensinada na escola? A partir de perguntas como essas, os autores questionam essas opções dicotômicas e apontam um terceiro caminho a ser seguido. O livro apresenta diversos exemplos do modo como os conjuntos numéricos são trabalhados na escola e na academia. Finalmente, cabe lembrar que esta publicação inova ao integrar o livro com a internet. No site da editora www.autenticaeditora.com.br, procure por Educação Matemática e pelo título "A formação matemática do professor: licenciatura e prática docente escolar", onde o leitor pode encontrar alguns textos complementares ao livro e apresentar seus comentários, críticas e sugestões, estabelecendo, assim, um diálogo online com os autores.

História na Educação Matemática – Propostas e desafios
Autores: *Antonio Miguel e Maria Ângela Miorim*

Neste livro, os autores discutem diversos temas que interessam ao educador matemático. Eles abordam História da Matemática, História da Educação Matemática e como essas duas regiões de inquérito podem se relacionar com a Educação Matemática. O leitor irá notar que eles também apresentam uma visão sobre o que é História e abordam esse difícil tema de uma forma acessível ao leitor interessado no assunto. Este décimo volume da coleção certamente transformará a visão do leitor sobre o uso de História na Educação Matemática.

Informática e Educação Matemática
Autores: *Marcelo de Carvalho Borba, Miriam Godoy Penteado*

Os autores tratam de maneira inovadora e consciente da presença da informática na sala de aula quando do ensino de Matemática. Sem prender-se a clichês que entusiasmadamente apoiam o uso de computadores para o ensino de Matemática ou criticamente negam qualquer uso desse tipo, os autores citam exemplos práticos, fundamentados em explicações teóricas objetivas, de como se pode relacionar Matemática e informática em sala de aula. Tratam também de questões políticas relacionadas à adoção de computadores e calculadoras gráficas para o ensino de Matemática.

Interdisciplinaridade e aprendizagem da Matemática em sala de aula
Autores: *Vanessa Sena Tomaz e Maria Manuela M. S. David*

Como lidar com a interdisciplinaridade no ensino da Matemática? De que forma o professor pode criar um ambiente favorável que o ajude a perceber o que e como seus alunos aprendem? Essas são algumas das questões elucidadas pelas autoras neste livro, voltado não só para os envolvidos com Educação Matemática como também para os que se interessam por educação em geral. Isso porque um dos benefícios deste trabalho é a compreensão de que a Matemática está sendo chamada a engajar-se na crescente preocupação com a formação integral do aluno como cidadão, o que chama a atenção para a necessidade de tratar o ensino da disciplina levando-se em conta a complexidade do contexto social e a riqueza da visão interdisciplinar na relação entre ensino e aprendizagem, sem deixar de lado os desafios e as dificuldades dessa prática.

Para enriquecer a leitura, as autoras apresentam algumas situações ocorridas em sala de aula que mostram diferentes abordagens interdisciplinares dos conteúdos escolares e oferecem elementos para que os professores e os formadores de professores criem formas cada vez mais produtivas de se ensinar e inserir a compreensão matemática na vida do aluno.

Investigações matemáticas na sala de aula
Autores: *João Pedro da Ponte, Joana Brocardo, Hélia Oliveira*

Neste livro, os autores – todos portugueses – analisam como práticas de investigação desenvolvidas por matemáticos podem ser trazidas para a sala de aula. Eles mostram resultados de pesquisas ilustrando as vantagens e dificuldades de se trabalhar com tal perspectiva em Educação Matemática. Geração de conjecturas, reflexão e formalização do conhecimento são aspectos discutidos pelos autores ao analisarem os papéis de alunos e professores em sala de aula quando lidam com problemas em áreas como geometria, estatística e aritmética.

Lógica e linguagem cotidiana – Verdade, coerência, comunicação, argumentação
Autores: *Nílson José Machado e Marisa Ortegoza da Cunha*

Neste livro, os autores buscam ligar as experiências vividas em nosso cotidiano a noções fundamentais tanto para a Lógica como para a Matemática. Através de uma linguagem acessível, o livro possui uma forte base filosófica que sustenta a apresentação sobre Lógica e certamente ajudará a coleção a ir além dos muros do que hoje é denominado Educação Matemática. A bibliografia comentada permitirá que o leitor procure outras obras para aprofundar os temas de seu interesse, e um índice remissivo, no final do livro, permitirá que o leitor ache facilmente explicações sobre vocábulos como contradição, dilema, falácia, proposição e sofisma. Embora este livro seja recomendado a estudantes de cursos de graduação e de especialização, em todas as áreas, ele também se destina a um público mais amplo. Visite também o site *www.rc.unesp.br/igce/pgem/gpimem.html.*

Matemática e arte
Autor: *Dirceu Zaleski Filho*

Neste livro, Dirceu Zaleski Filho propõe reaproximar a Matemática e a arte no ensino. A partir de um estudo sobre a importância da relação entre essas áreas, o autor elabora aqui uma análise da contemporaneidade e oferece ao leitor uma revisão integrada da História da Matemática e da História da Arte, revelando o quão benéfica sua conciliação pode ser para o ensino. O autor sugere aqui novos caminhos para a Educação Matemática, mostrando como a Segunda Revolução Industrial – a eletroeletrônica, no século XXI – e a arte de Paul Cézanne, Pablo Picasso e, em especial, Piet Mondrian contribuíram para essa reaproximação, e como elas podem ser importantes para o ensino de Matemática em sala de aula.

Matemática e Arte é um livro imprescindível a todos os professores, alunos de graduação e de pós-graduação e, fundamentalmente, para professores da Educação Matemática.

Modelagem em Educação Matemática
Autores: *João Frederico da Costa de Azevedo Meyer, Ademir Donizeti Caldeira, Ana Paula dos Santos Malheiros*

A partir de pesquisas e da experiência adquirida em sala de aula, os autores deste livro oferecem aos leitores reflexões sobre aspectos da Modelagem e suas relações com a Educação Matemática. Esta obra mostra como essa disciplina pode funcionar como uma estratégia na qual o aluno ocupa lugar central na escolha de seu currículo.

Os autores também apresentam aqui a trajetória histórica da Modelagem e provocam discussões sobre suas relações, possibilidades e perspectivas em sala de aula, sobre diversos paradigmas educacionais e sobre a formação de professores. Para eles, a Modelagem deve ser datada, dinâmica, dialógica e diversa. A presente obra oferece um minucioso estudo sobre as bases teóricas e práticas da Modelagem e, sobretudo, a aproxima dos professores e alunos de Matemática.

O uso da calculadora nos anos iniciais do ensino fundamental
Autoras: *Ana Coelho Vieira Selva e Rute Elizabete de Souza Borba*

Neste livro, Ana Selva e Rute Borba abordam o uso da calculadora em sala de aula, desmistificando preconceitos e demonstrando a grande contribuição dessa ferramenta para o processo de aprendizagem da Matemática. As autoras apresentam pesquisas, analisam propostas de uso da calculadora em livros didáticos e descrevem experiências inovadoras em sala de aula em que a calculadora possibilitou avanços nos conhecimentos matemáticos dos estudantes dos anos iniciais do ensino fundamental. Trazem também diversas sugestões de uso da calculadora na sala de aula que podem contribuir para um novo olhar, por parte dos professores, para o uso dessa ferramenta no cotidiano da escola.

Pesquisa em ensino e sala de aula – Diferentes vozes em uma investigação
Autores: *Marcelo de Carvalho Borba, Helber Rangel Formiga Leite de Almeida, Telma Aparecida de Souza Gracias*

Pesquisa em ensino e sala de aula: diferentes vozes em uma investigação não se trata apenas de uma obra sobre metodologia de pesquisa: neste livro, os autores abordam diversos aspectos da pesquisa em ensino e suas relações com a sala de aula. Motivados por uma pergunta provocadora, eles apontam que as pesquisas em ensino são instigadas pela vivência dos professores em suas salas de aulas, e esse "cotidiano" dispara inquietações acerca de sua atuação, de sua formação, entre outras. Ainda, os autores lançam mão da metáfora das "vozes" para indicar que o pesquisador, seja iniciante ou mesmo experiente, não está sozinho em uma pesquisa, ele "escuta" a literatura e os referenciais teóricos e os entrelaça com a metodologia e os dados produzidos.

Pesquisa Qualitativa em Educação Matemática
Organizadores: *Marcelo de Carvalho Borba, Jussara de Loiola Araújo*

Os autores apresentam, neste livro, algumas das principais tendências no que tem sido denominado "Pesquisa Qualitativa em Educação Matemática". Essa visão de pesquisa está baseada na ideia de que há sempre um aspecto subjetivo no conhecimento produzido. Não há, nessa visão, neutralidade no conhecimento que se constrói. Os quatro capítulos explicam quatro linhas de pesquisa em Educação Matemática, na vertente qualitativa, que são representativas do que de importante vem sendo feito no Brasil. São capítulos que revelam a originalidade de seus autores na criação de novas direções de pesquisa.

Psicologia na Educação Matemática
Autor: *Jorge Tarcísio da Rocha Falcão*

Neste livro, o autor apresenta ao leitor a Psicologia da Educação Matemática, embasando sua visão em duas partes. Na primeira, ele discute temas como psicologia do desenvolvimento e psicologia escolar e da aprendizagem, mostrando como um novo domínio emerge dentro dessas áreas mais tradicionais. Em segundo lugar, são apresentados resultados de pesquisa, fazendo a conexão com a prática daqueles que militam na sala de aula. O autor defende a especificidade deste novo domínio, na medida em que é relevante considerar o objeto da aprendizagem, e sugere que a leitura deste livro seja complementada por outros desta coleção, como *Didática da Matemática: sua influência francesa, Informática e Educação Matemática e Filosofia da Educação Matemática.*

Relações de gênero, Educação Matemática e discurso – Enunciados sobre mulheres, homens e matemática
Autoras: *Maria Celeste Reis Fernandes de Souza, Maria da Conceição F. R. Fonseca*

Neste livro, as autoras nos convidam a refletir sobre o modo como as relações de gênero permeiam as práticas educativas, em particular as que se constituem no âmbito da Educação Matemática. Destacando o caráter discursivo dessas relações, a obra entrelaça os conceitos de *gênero, discurso* e *numeramento* para discutir enunciados envolvendo mulheres, homens e Matemática. As autoras elegeram quatro enunciados que circulam recorrentemente em diversas práticas sociais: "Homem é melhor em Matemática (do que mulher)"; "Mulher cuida melhor... mas precisa ser cuidada"; "O que é escrito vale mais" e "Mulher também tem direitos". A análise que elas propõem aqui mostra como os discursos sobre relações de gênero e matemática repercutem e produzem desigualdades, impregnando um amplo espectro de experiências que abrange aspectos afetivos e laborais da vida doméstica, relações de trabalho e modos de produção, produtos e estratégias da mídia, instâncias e preceitos legais e o cotidiano escolar.

Tendências internacionais em formação de professores de Matemática
Organizador: *Marcelo de Carvalho Borba*

Neste livro, alguns dos mais importantes pesquisadores em Educação Matemática, que trabalham em países como África do Sul, Estados Unidos, Israel, Dinamarca e diversas Ilhas do Pacífico, nos trazem resultados dos trabalhos desenvolvidos. Esses resultados e os dilemas apresentados por esses autores de renome internacional são complementados pelos comentários que Marcelo C. Borba faz na apresentação, buscando relacionar as experiências deles com aquelas vividas por nós no Brasil. Borba aproveita também para propor alguns problemas em aberto, que não foram tratados por eles, além de destacar um exemplo de investigação sobre a formação de professores de Matemática que foi desenvolvida no Brasil.

Este livro foi composto com tipografia Palatino e impresso
em papel Off-White 70 g/m² na Gráfica Rede.